U0160820

时间观

TIME OUTLOOK

◎高岸起 著

科学出版社

北京

内 容 简 介

　　时间问题一直是醒目的问题，一直吸引着人们不断地追问。人们因有时间而感到满足。思考时间，对人来说，大有裨益。人会随岁月消逝，但珍惜时间的原则却亘古不变。如果人们能够有效利用人的时间，那么人的时间将会在人的认识和实践过程中占据主导地位。因此，人的时间在人的认识和实践过程中扮演着很重要的角色。一旦人进行认识和实践，人的时间的价值就应该是能够确定的。显然，人的时间永远是现实的。人不可低估时间在人的认识和实践的过程中所起的重要作用。人的时间是人的认识和实践的过程中至关重要的一部分。本书通过对时间是什么、时间为什么、时间办什么的分析，历史和逻辑地展现时间观发端、演变、成熟和发展的理论轨迹，客观公正而又简洁明晰地评价时间观所建树的理论业绩。这对于人们理解时间观的实质是极为重要的。

　　本书适合需要了解时间概念的一般读者阅读。

图书在版编目（CIP）数据

时间观 / 高岸起著. —北京：科学出版社，2021.12
ISBN 978-7-03-070464-1

Ⅰ. ①时… Ⅱ. ①高… Ⅲ. ①时间–研究 Ⅳ. ①P19

中国版本图书馆 CIP 数据核字（2021）第 221729 号

责任编辑：李春伶　李秉乾 / 责任校对：刘　芳
责任印制：张　伟 / 封面设计：润一文化

科 学 出 版 社 出版
北京东黄城根北街 16 号
邮政编码：100717
http://www.sciencep.com

北京建宏印刷有限公司 印刷
科学出版社发行　各地新华书店经销
*
2021 年 12 月第 一 版　　开本：850×1168　1/32
2021 年 12 月第一次印刷　印张：4
字数：100 000
定价：48.00 元
（如有印装质量问题，我社负责调换）

目　　录

第一编

时间是什么

时间实际上是人的积极存在，它不仅是人的生命的尺度，而且是人的发展的空间。

——〔德〕马克思《政治经济学批判（1861—1863 年手稿）》

第一章 时间的内涵

第一节 时间的内涵

时间的内涵是非常丰富的。

关于时间，中国社会科学院语言研究所词典编辑室编《现代汉语词典》中，对"时间"条目的解释是："①物质运动中的一种存在方式，由过去、现在、将来构成的连绵不断的系统。是物质的运动、变化的持续性、顺序性的表现。"[①] "②有起点和终点的一段时间"[②]，如地球自转一周的时间是二十四小时。盖这所房子要多少时间？"③时间里的某一点"[③]，如现在的时间是三点十五分。

[①] 中国社会科学院语言研究所词典编辑室编：《现代汉语词典》第七版，北京：商务印书馆，2016年，第1184页。

[②] 中国社会科学院语言研究所词典编辑室编：《现代汉语词典》第七版，北京：商务印书馆，2016年，第1184页。

[③] 中国社会科学院语言研究所词典编辑室编：《现代汉语词典》第七版，北京：商务印书馆，2016年，第1184页。

关于时间,《辞海》中,对"时间"条目的解释是:"①指时间计量。包括时间间隔和时刻两方面。前者指物质运动经历的时段;后者指物质运动的某一瞬间。②指物质运动过程的持续性和顺序性。通过起始时刻和量度单位的选定,对时间进行测量。早先采用地球自转和公转周期作为标准,由此定出年、月、日、时、分、秒等单位。现代采用某些原子内部的稳定震荡过程作为标准。"①

关于时间,《辞源》中,对"时间"条目的解释是:"目前,一时。"②

时间与物质的存在密切相关,时间的物理性质主要通过时间与物质运动的各种联系而表现出来。马克思深刻地指出,时间是人类发展的空间,自由时间是人的发展的前提。人的时间的自由标志着人的发展的广阔可能性。没有自由的时间,人的全面发展就缺乏可能。马克思在写于1861年8月至1863年7月的《政治经济学批判(1861—1863年手稿)》中谈到时间时说道:"时间实际上是人的积极存在,它不仅是人的生命的尺度,而且是人的发展的空间。"③

什么是时间?古罗马基督教思想家奥古斯丁(Aurelius Augustinus,354—430年)在《忏悔录》一书中问道。奥古斯丁说道:

> 时间究竟是什么?谁能轻易概括地说明它?谁对此有明确

---

① 夏征农、陈至立主编:《辞海》第六版 彩图本(3),上海:上海辞书出版社,2009年,第2058页。

② 广东、广西、湖南、河南辞源修订组、商务印书馆编辑部编:《辞源》(修订本重排版)上册,北京:商务印书馆,2010年,第1567页。

③ 《马克思恩格斯全集》第37卷,北京:人民出版社,2019年,第161页。

的概念，能用言语表达出来？可是在谈话之中，有什么比时间更常见，更熟悉呢？我们谈到时间，当然了解，听别人谈到时间，我们也领会。

那末时间究竟是什么？没有人问我，我倒清楚，有人问我，我想说明，便茫然不解了。但我敢自信地说，我知道如果没有过去的事物，则没有过去的时间；没有来到的事物，也没有将来的时间，并且如果什么也不存在，则也没有现在的时间。

既然过去已经不在，将来尚未来到，则过去和将来这两个时间怎样存在呢？现在如果永久是现在，便没有时间，而是永恒。现在的所以成为时间，由于走向过去；那末我们怎能说现在存在呢？现在所以在的原因是即将不在；因此，除非时间走向不存在，否则我便不能正确地说时间不存在。[①]

事实上，人类一直想回答奥古斯丁的这个问题。

英国物理学家、数学家与天文学家牛顿（Isaac Newton，1643—1727年）提出了所谓"绝对时间"和"相对时间"的概念。牛顿认为，"绝对时间"与任何其他外界事物的变化无关，完全独立存在，且在宇宙中匀速流逝。人们只能感知"相对时间"，并通过太阳或月亮的运动，抑或时钟来量度时间。通过这些运动，人们体验到时间流逝的感觉。牛顿时间观基本上属于自发的唯物主义时间观。牛顿承认时间是客观存在的，但把时间看作同运动着的物质相脱离的，相互间也并无联系，因而提出了绝对时间的观点，牛顿时

---

① 〔古罗马〕奥古斯丁:《忏悔录》, 周士良译, 北京: 商务印书馆, 1963年, 第242页。

间观具有形而上学的性质。

美籍德裔物理学家爱因斯坦（Albert Einstein，1879—1955年）在创立狭义相对论的时候，意识到如果要解释光速不变这个佯谬，即光速相对于所有运动的观察者都是个常数，他需要将"什么是时间"这个问题变成"我们怎么才能测量时间"。爱因斯坦通过对"我们怎样测量时间"的分析，发现相对运动的不同观察者将会得到不同的时间定义。英国物理学家史蒂芬·霍金（Stephen Hawking，1942—2018年）在《时间简史》一书中说道："相对论终结了绝对时间的观念！看来每个观察者都一定有他自己的时间测度，这是用他自己所携带的钟记录的，而不同观察者携带的同样的钟的读数不必一致。"①

奥古斯丁大胆地问出"什么是时间？"。爱因斯坦教人们把"什么是时间？"变成"我们怎样测量时间？"。在人类世界中，"什么是时间？"是个尖锐的问题，也是让人们为之着迷的问题。

法国启蒙思想家、作家、哲学家伏尔泰（Voltaire，1694—1778年）曾经提出一个谜题："世界上什么东西是最长的，也是最短的；是最快的，也是最慢的；是最容易分割的，也是最广大的；是最不受重视的，也是最值得惋惜的；没有它，什么事都做不成；它使一切渺小的东西归于消灭，使一切伟大的事物生命不绝？"

智者查帝格想了想，回答道："时间。"在查帝格看来，时间是无穷无尽的，可以无限延伸，但是，一旦人们没有把握住时间，时

---

① 〔英〕史蒂芬·霍金：《时间简史》，许明贤、吴忠超译，长沙：湖南科学技术出版社，2017年，第23页。

间就会在浪费中变得越来越少，以至于人们常常来不及完成计划；对快乐的人来说，时间往往过得很快，而在那些辛苦等待的人看来，时间却过得很慢；时间可以无限宽广，也可以被切割成最渺小的几个部分；时间没有到来的时候，大家往往都不重视，等它过去之后，又追悔莫及；时间可以让那些微不足道的事情悄然而逝，同时也能将那些伟大的时刻凝固、永存。

伏尔泰与查帝格的对话，实际上隐藏着一个最基本的道理，那就是时间的内涵问题，即只有通过有效的利用，时间才能够按照人们的意愿产生应有的价值。从古至今，人们都意识到时间的重要性，都知道时间对自己意味着什么，但是这并不代表每个人都善于利用时间。对于多数人而言，时间利用仍旧是一个陌生的概念，他们并没有意识到时间利用的作用与价值。

第二节　时间观的内涵

时间观是指对于时间的总的看法。时间观是对于时间的根本观点。唯心主义否认时间是物质的存在形式，把时间看作意识、观念的产物。形而上学唯物主义承认时间的客观实在性，但不理解时间同物质运动的不可分性。马克思主义哲学认为，时间是运动着的物质的存在形式，具有客观性。同时又认为人们关于时间的观念是相对的、可变的。时间和运动着的物质具有不可分割的联系。在社会历史领域，社会时间与社会实践紧密相联。人们要站在人类社会发展基本趋势的高度来认识和把握时间观所具有的内涵。时间观的形成与发展演变取决于人们所处的特定社会历史条件，折射出真实而具体的社会发展变化进程及其特点，人们要用一种动态发展的眼光来看待时间观的变迁。

时间观是在现实的个人及其社会实践活动中产生与发展的。现实的个人是具体的、不断变化发展的，既是处于既定状态的人，也是处于不断的历史生成之中的人，这是理解和把握时间观的内涵的逻辑起点。时间观是形成于人的现实社会实践活动之中的。人们要从唯物史观的高度来理解时间观的基本内涵，克服抽象人性论及其脱离真实历史语境的普世规划与设计，真正赋予时间观以生动而具体的社会实践意蕴和社会生活旨趣，使其在人类社会发展中得到充分彰显。时间观是建立在现实的个人及其物质资料生产活动的基础上的，因而具有明确的社会实践基础，反映出特定社会历史发展阶段中人的真实状况。

人是能够经验时间的内涵的。时间蕴含深邃的含义。小时候很多人都还无法懂得时间所蕴含的深邃含义，但当人们长大渐渐懂得时间的时候，很多人都会忍不住地泪流满面。

澳大利亚哲学家拉塞尔·韦斯特·巴甫洛夫（Russell West-Pavlov）在《时间性》一书中谈到时间时说道："'时间'这个词乍一看似乎完全是常识。尽管它相当抽象，但确实是老生常谈。然而仔细考察后发现，时间是哲学反思、艺术表现和审美话语中最古老、最复杂的主题之一。时间几乎支撑着日常生活的所有方面，甚至'日常'这个词也揭示了这一点。时间充斥着权力与霸权问题，在许多政治斗争中处于成败关头：例如日历，总是政治精英们的创造。[从1582年罗马教皇颁布与他同名的'格里高利'历法开始，到 17 世纪这一历法在欧洲居于支配地位，至今仍在沿用。（Holford-Strevens，2005）] 这使时间成为一个极具吸引力的、涉及面广泛的、人文学科研究的中心问题。"[①]

古希腊哲学家苏格拉底（Socrates，公元前469—前399年）曾指出，不加思考的生活等于徒费时光，人作为具有自我意识的主体，总是要追寻生存的意义和价值，要明白为什么活着，生活的目的是什么，怎样的生活更有意义，个人的生存发展与他人和社会是怎样的关系等问题，要在厘清这些问题的基础上追求更加理想、更有意义的生活。这就意味着，人的生存和发展需要时间观的说明，需要时间观的支撑。

---

① 〔澳〕拉塞尔·韦斯特·巴甫洛夫：《时间性》，辛明尚、史可悦译，北京：北京大学出版社，2020年，第3页。

第二章　时间的本质

人的时间的本质一直是令人极感兴趣但又难以把握的问题。人对于时间的本质是能够确切地理解的。人的时间的本质体现在时间与根据、时间与规律、时间与条件之中。

第一节　时间与根据

人的时间是有根据的，更确切地说，人的时间是必然有根据的。无论如何，时间与根据是共属一体的。时间在根据中是能够得到规定的。时间在根据中是能够显示出来的。时间是可理解的。人的时间是有历史必然性的。时间决定着人的历史性的瞬间。人们对时间的规定必须根据人的理解来加以规定。人的时间是具体的。人的时间是有内在的必然性的。人的时间不是无关紧要的。人的时间是重要的。

人在时间中是能够得到规定的。人与时间有着极大的关系。人在时间中是能够得到确定的。时间对人的整体来说是决定性的。人根本上是要根据时间来规定的。人是以时间为自己的基础的。人是在时间中生成的。人的可能性是在时间中展现出来的，人的必然性也是在时间中展现出来的。人的现实性是在时间中展现出来的。人在时间中是必定有形象的。时间是人的独一无二的东西。时间是人的决定性的东西。时间不是与人毫不相干的，而是与人相干的。人与时间的联系是有意义的。

在人的历史阶段上，时间是能够起作用的。人的历史本质上是建立在人的时间的基础上的。人在时间中是能够获得历史性的界定的。人的历史是在时间中得到展开的。人的时间构成了人的历史的基础。人的时间使得人的历史变得显而易见。对人而言，失去时间是后果严重的事情。珍惜时间是一种在任何时候都值得尊重的态度。人需要知道：在人生的道路上，时间意味着什么。

人是要以时间为依据的。人必须踏上时间的道路。时间对人来说是重要的。人的时间是具有独特的规定性的。对时间之本质的追问意味着：去了解和经验在时间中真正发生的东西。但当人们说时间时，时间指的是什么呢？这是人们首先需要说明和描述的一点。实际上，时间能够为人提供指引。人处于与时间的紧密的关联中。时间能够使人变得富有生机。时间对于人来说是要紧的东西。

人的时间与人的本质是联系在一起的。在时间中人总是在发生变化。人在时间中是能够发生改变的，甚至是能够发生本质性的改变的。人在时间中是能够进入本质性的东西之中的。人不仅能够处于时间的开端处，而且能够处于时间的终结处。时间能够对人有所促进。时间能够使人对未来作一番展望。人只要处在时间中，每一时刻对人而言，都是重要的。

人们是要理解时间的根据所在的。人的时间根本上贯通并支配着人的历史。人的时间是具有丰富的意义的。人的时间归属于人之存在。人之存在是有前提的。时间对人来说是必不可少的。时间是能够为人划出界限的。人是能够由时间来划界的。时间对人是具有吸引力的。人必须思考时间。时间是可理解和可界定的东西。人是要以时间为依据的。人与时间是紧密地联系在一起的。

人的时间不是无根无据的，而是有根有据的。人是以人的时间为前提的。人在时间中是能够切中本质性的东西的。人的时间不仅是人认识的基础，而且是人实践的基础。人的认识和实践只有在人的时间中才能得以奠基。人的认识和实践只有在人的时间中才能触及本质性的东西。人的认识和实践是以人的时间为前提的。人是受时间观指导的。

人的认识和实践是有人的时间背景的。人的生命是有人的时间背景的。时间是人的认识和实践的必要条件。时间是人的生命的必要条件。所以，时间是人的认识和实践的本质性的东西。时间是人的生命的本质性的东西。时间是人的认识和实践的真正决定性的东西。时间是人的生命的真正决定性的东西。对于人来说，人的时间的本质是根据人的本质来规定的。

对人来说，人的时间是人的生命的一个必然条件。人的生命是在时间中进行认识活动和实践活动的。人们必须理解人的时间与人的生命之间内在的共属一体关系。人的时间与人的生命是有共同根源的。人的认识和实践是要受到人的时间的影响的。人的生命是要受到人的时间的影响的。人的时间可以与人的本质历史性地联系起来。

人的时间对人的认识和实践来说是决定性的。人的时间能够对人的认识和实践作决定性的规定。人的时间对人的认识和实践来说是确定的东西。人的时间是能够美化人的生命的。人的时间是能够美化人的认识和实践的。人的时间是能够把人置于可能性之中的。人的可能性是有其本质原因的。人的可能性是在人的时间中产生的，而且只能是在人的时间中产生。

人的生命与人的时间本质上是共属一体的。在人的生命中，人的时间起着决定性的作用。人的生命是完全建立在人的时间的基础上的。人的时间一定是可理解的。人在时间中能够成其所是。人的生命的意义是与人的时间连接在一起的，这一点是确定无疑的。人的生命只有在时间中才是有效的，这个事实是确定无疑的。人对时间的本质的理解是以人的历史性基础为依据的。

人在时间中是有本质的筹划的。人珍惜时间是大有必要的。人只要有时间，就会走上一段漫长的道路。人在时间中是有要达到的目标的。人的时间是有意义的。只有以人的时间为基础，人的认识和实践才有可能进行。人的时间是能够给人确定的东西的。人的时间是能够展示人的独一无二的思想的。人在时间中是有决定性的步骤的。人的时间能够对人起支配作用。人的时间与人是相关的。

人的时间能够为人的认识和实践奠定基础。对人的时间根据的恰当理解有助于人们清晰地理解人的时间的特性。人的时间在人的认识和实践中是发挥作用的。人的时间是能够指引人的方向的。人的时间是人的认识和实践的植根之所。人的时间是人的认识和实践的本质基础。人的时间的力量指的是人的时间的作用的力量。人的时间的力量是可以经验的。指出人的时间的力量是大有必要的。

人在时间中是有其境域的。人的本质是从哪里获得其决定性的基础的？答案是：从人的时间中。人的时间是人的必然性和可能性的基础。人的生命本身根本上就是人的时间。人的认识和实践就是人的时间的作用。人的时间是人的认识和实践的本质性的前提。人的时间贯穿人的认识和实践的整个历史。人的时间是在人的认识和实践中成其本质的。

人的认识和实践是在人的时间中得以发端的。人的认识和实践与人的时间是紧密联系在一起的。人的认识和实践只有在人的时间中，才会有出路。人的认识和实践是不能绕开人的时间的。人的时间能够为人的生命地位奠定基础。人的生命地位本质上是时间性的。人的时间唯有在人的时间的作用中才存在。人的时间乃是人的时间的作用。人的时间本质上具有人的时间的作用的意味。

人的本质的规定在时间中是能够发生转变的。人的本质的规定唯有在时间中，才能得到把握。对人的本质的规定是必要的。人在时间中是有意义的。人在时间中是有根据的。人的时间是能够决定人的整体的。人的时间与人是有联系的。人的时间与人的联系是能够得到思考的。人在时间中是能够从本质上得到经验的。只有当人们立足于人的本质把握人的时间时，人们才能认识到人的时间的本质是什么。所以，通过对人的本质的充分把握，人们就能够获得关于人的时间的本质的认识了。

第二节　时间与规律

人的时间是有规律的，更确切地说，人的时间是必然有规律的。无论如何，时间与规律是共属一体的。时间在规律中是能够得到规定的。时间在规律中是能够显示出来的。人们对人的时间的本质的思考必然要立足于人的时间与规律的联系。人在时间中是有规律的层面的。人在时间中是能够得到规定的。人在时间中是能够显现出根本性的东西的。人与人的时间是有持久的关联的。

人的时间在人的认识和实践中是起决定作用的东西。人的时间乃是有效力的东西。人的时间在人的认识和实践中是占据支配地位的。人的时间在人的认识和实践中是具有重要意义的。人的时间是人的认识和实践的基础。人的时间能够成为通向人的认识和实践的道路。人的时间对人而言是必要的。它之所以是必要的，因为它处处都关系到人的认识和实践。

人的时间与人是有历史性联系的。人的认识和实践是通过人的时间来进行的。人的时间对于人的认识和实践来说具有决定性的意义。人的认识和实践是在人的时间中完成的。人是人的历史上的人。人的时间贯通着人的历史。人的时间在人的历史中是能够发挥作用的。人的认识和实践是在人的时间中发挥效力的。人的认识和实践是人的历史。

人在时间中是能够转变的。人的时间本质上是与人相联系的。人的转变在时间中是有其基础的。人与人的时间相联系,依赖于人的时间。因此之故,人们能够把人的时间理解为人的历史。人的时间与人的历史是紧密联系在一起的。对于人的时间,人们是可以在人的历史的意义上来理解的。人的时间是对人的本质的规定。人的时间是人的基础。人的时间规定着人的历史的历史性。人的时间与人的历史是相联系着的。人的时间与人的历史是有内在联系的。

人的时间之所以是人的时间,是因为人的时间是有效的。人的现实性是由人的特征决定的。任何人都是由人的时间规定的。人是在人的时间中成其所是的。这是有道理的。人的历史只有根据人的整体才成其所是。人的历史本质上是与人的时间相关联的。对人来说,人的时间必定是决定性的。在人的生命中,本质上是由人的时间起支配作用的。人的生命是以人的时间为基础的。人的生命是通过人的时间而得到规定的。

人的时间对人而言是决定性的。人的时间能够使人获得教益。人都与人的时间相联系。事实上,人的一切认识和实践都是以人的时间为基础的。人的时间是能够对人时间化的。人在时间中是能够得到规定的。人在时间中是具有多样性的。人本质上是隶属人的时间的。人的时间乃是历史性的。人的生命的基础,是从人的时间中获得规定的。据此看来,历史性乃是人的时间的基本特征。

时间对于人而言是不可或缺的。人是依赖于人的时间的。人总是不断地处在通向其本质的途中。人的本质在时间中是能够得到充分界定的。人是要把自身托付给人的时间的。人是能够思考人的时间的。人是能够追问人的时间的。人的时间是能够显现出来的。人的历史在人的时间中是能够显现出来的。人在时间中是能够发生转变的。人的历史性是以人的时间为依据的。

人的时间在人的生命中具有独一无二的意义。人的时间的本质是在人的生命中得到规定的。人的时间能够被置入人的生命的整体之中。人的生命的整体是能够被活生生地思考的。人是为人的时间所规定的。实际上，人的时间是有意义的。人在时间中是能够完真起来的。人在时间中是能够完善起来的。人在时间中是能够完美起来的。人是能够给自己讲述自己的时间的。

人的时间本质上是与人相关联的。人的时间是与人联系着的。人的时间本质上是以人的时间化为目的的。人的时间能够规定人的历史。人的时间是历史性的。对人来说，人的时间是有可能性的。人的时间是有力量的。人的时间是有作用性的，是具有作用能力的。就人的时间对现实之物起作用而言，人的时间显示为现实性。在现实性中能够显示出人的时间的真正本质。

对人而言，人的时间不是无根无据的，而是有根有据的。人的时间是从人的时间化的角度得到规定的。实际上，人的认识和实践是在人的时间中发生的。人的时间是可理解的。在人的时间中起支配作用的是人的时间化。人在时间中自始就是以时间化为依据的。人在时间中是能够发生变化的。人在时间中是能够发生相应的变化的。人在时间中是能够有可能性的努力的。人在时间中是有要求实现的倾向的。

可能性和必然性样态乃是人在时间中实存的样态。人的时间是

与人的本质直接相关的东西。人的时间本质上是与人的现实性相关
的。人在时间中的现实性并不排斥人在时间中的可能性，而是包含
着人在时间中的可能性。人在时间中的现实性并不排斥人在时间中
的必然性，而是包含着人在时间中的必然性。人的时间是能够指引
人的。

只有当人处在时间中时，人的现实性才是人的真正的现实性。
人本质上是由人的时间来规定的。人"定居"于人的时间的本质处
所中。人与人的时间是共属一体的。只有当人与人的时间相关联
时，人才成为可规定的。人是以人的时间为基础的。人的生命植根
于人的时间中。在人的时间中，包含着作用。人的一切时间始终都
是以人的时间的作用为基础的。人的历史意义只有在人的时间中才
是有可能的。人的历史意义是从人的时间中获得规定的。

人的时间对人起着指导作用。人的时间与人的未来是联系在一
起的。人的时间能够给予人许多帮助。古人说得好：一寸光阴一寸
金，寸金难买寸光阴。一切有远大志向的人都深深懂得时间的可
贵。所以，人的时间就是人的财富。时间就是财富。中国作家汤
木在《你的努力，终将成就无可替代的自己》一书中谈到时间时
说道：

> 在战场上，两军对垒，形势危及，谁先出手击中对方，谁
> 就能获得生机。这时候你能拖延吗？几秒钟的拖延不仅会让你
> 性命不保，还会让你身边的战友付出生命的代价。所以时间就
> 是生命。

在商场上，有客户抛出上千万的订单，很多和你一样的商家都想得到这张订单，这时候你能拖延吗？你若拖延，煮熟的鸭子也会飞掉。所以时间就是金钱。

在考场上，面对题目繁杂的试卷，你能够拖延吗？你若拖延，就算你有状元的水平，做不完题，考官也不会给你足够的分。所以，时间就是考生的前程。

在职场上，面对一项项富有挑战的工作，你能够拖延吗？你的一点点拖延，很可能会耽误整个公司的流程，丧失最佳的竞争时机，甚至让公司被市场无情淘汰，所以时间就是效益。[1]

人的时间能够对人产生重要的影响。人在漫长的岁月里是能够领悟时间的意义的。当人的时间可以回顾，也可以前瞻的时候，人就懂得了时间的意义了。人所有的记忆，都与人的时间有关。人不仅能够记住该记住的时间，而且能够忘掉该忘掉的时间。人的时间能够对人产生巨大的影响。人不仅可以固定时间，而且可以延续时间。

人的生命是在人的时间里慢慢地一段一段展开的。人的时间不仅有现在，也有过去和未来。人是在时间中经历生命过程的。人是要做时间的功课的。人的时间是有机的。人的一切都在时间之中。人的时间是在移动的。人不仅有长久的时间，而且有短暂的时间。

① 汤木：《你的努力，终将成就无可替代的自己》，南昌：百花洲文艺出版社，2014年，第29—30页。

人的时间是可以理解的。人的时间有人的温度。人的时间是充满人的生命力的。

第三节　时间与条件

人的时间是有条件的，更确切地说，人的时间是必然有条件的。无论如何，时间与条件是共属一体的。时间在条件中是能够得到规定的。时间在条件中是能够显示出来的。人的时间是人的生命的条件。人的生命是需要人的时间条件的。人的认识和实践是需要人的具体的时间条件的。人的时间本质上乃是人的认识和实践的条件。

人有了时间，就有了真的钥匙，就有了善的钥匙，就有了美的钥匙。人是要处在时间的长河之中的。人是要在时间中经历人的认识和实践的。人是要在时间中经历人的生命的。人都与人的时间史息息相关。人的时间是引人深思的。人的时间可以发人深省。人是要处在不同的时间里的。人受人的时间的影响很大。人的时间是能够动人的。人以时间为基础，一定会发展出优秀的文明。人的时间是人应该珍惜的。

人的时间是蕴含着力量的。人的时间对人甚有启发。人的时间正是人的根本。人的时间自然会出现变化。当人拥有了时间的时候，人才充分具备了认识的能力和实践的能力。人经验过时间，才知道人的生命在任何时刻都一样有意义。人在时间中是有意义的。人的时间是为了人的生命的。人的时间是为了人的认识和实践的。人要发愤上进惜取寸阴。对于人的时间，人能做的，不过是珍惜。

人一生只能把自己舍给人的时间。人跟人的时间是有缘的。人的时间是一段一段地过去的。人是永远属于时间的。人是要选择时间的。时间对于人而言是不可或缺的。人不仅有一半的时间，而且有全部的时间。人与人的时间是紧密结合的。人的时间是有过去、现在和未来的。人的时间是十分珍贵的。人的时间就是人的世界。人的时间是关乎人的生活的。人的时间是关乎人的生命的。

人们的时间各有千秋。人的时间有人的昨日的时间、今日的时间、明日的时间。人在时间中是能够发生改变的。对人而言，每个时刻都很重要。人要成为怎样的人，人期待怎样的世界，人的一切都由人的时间决定。人只有全面地面对自己的时间，才能变成全面发展的人。人在时间中一定能得到智慧的启示，从而增长内在的力量。人要做的是发挥自己内在的力量，用一颗智慧的心，与人的时间共处。

人的时间是人的重要条件。人珍惜时间就是珍惜人的重要条件。人浪费时间就是浪费人的重要条件。人经不起太多的耽搁。人的时间是不停留的。人的时间是独一无二的。人只要有时间，就有希望。人的时间是人的机会。人只有珍惜时间，才能成就自己。人的时间是人的空间。人只有珍惜自己的时间，才能珍惜自己的空间。人给自己留下时间，就是给自己留下空间。

人不仅要拥有时间，而且更要懂得珍惜时间。人是需要经过人的时间的磨炼的。人要想让自己充满智慧，就必须去体验时间。时间能够赋予人战胜困难的勇气。人的时间总是在不经意间悄无声息地流逝。人是会随着时间而变化的。人能够在人的时间中寻到自己的生命的价值。人要进行认识和实践，就要有时间。人珍惜时间，就是珍惜自己的生命。人浪费时间，就是浪费自己的生命。人珍惜时间，就是珍惜自己的认识和实践。人浪费时间，就是浪费自己的认识和实践。

人的时间是人成功的前提条件。人珍惜时间完全取决于人自己。人得到时间会引发人进行认识和实践。不同的人有不同的时间，甚至同一个人在不同的人生阶段也会对时间有不一样的理解。人的时间是人的宝贵的东西。关于"时间是什么"的问题，其实是一个仁者见仁、智者见智的问题。人的时间是有直接的表现形式的。人的时间就在人的生命当中。人的时间就在人的认识和实践当中。

人的时间就在当下，只有一个个当下串成的时间，才是人一生一世的时间。对于人的时间，不同的人会有不同的反应，不同时代、不同民族的人会有不同的理解，即或是同一个人在不同的年龄阶段也会产生不同的看法。这种情况，用哲学的语言说就是：人对于时间具有主体性。

英国博物学家、进化论的奠基人达尔文（Charles Robert Darwin，1809—1882年）在《物种起源》（增订版）一书中说道：

> 对于100万年这样的时间概念，人们已很难理解其全部含义了，而对于经过无数世代所积累起来的微小变异，其全部效

果如何，人们则更难理解其真谛了。

虽然我完全相信本书提要中所给出的各项观点的正确性，但是我并不想说服那些富有经验的博物学家们。他们在长期的实践中，积累了大量的相关事实，却得出了与我完全相反的结论。在'创造计划''设计一致'这样的幌子下，人们很容易掩盖自己的无知，有时仅仅是将有关的事实复述一遍，就认为自己已经给出了某种解释，不管谁只要过多地强调未能解释的难题，而不对某些事实进行解释，他就必然会反对我们这个学说。少数头脑尚未僵化的博物学家们，如果他们已经开始怀疑物种不变这个信条的话，本书或许会对他们有所启示。我对未来充满了信心，希望那些年轻的、后起的博物学家们，能够公正地从正反两个方面看待这个学说。凡是已经相信物种可变的人们，如果能够坦诚地表示他的信念，他就是做了一件好事。因为只有如此，才能消除这一问题所遭受的重重偏见。①

达尔文也注意到了人对于时间具有主体性。

春秋末期思想家、政治家、教育家、儒家的创始人孔子（公元前551—前479年）认为，人的认识会在不同时期产生变化。《论语·为政篇》言："子曰：'吾十有五而志于学，三十而立，四十而不惑，五十而知天命，六十而耳顺，七十而从心所欲，不踰矩。'"②孔子说道："我十五岁立志学习。到了三十岁，懂得礼仪而立足社

---

① 〔英〕达尔文：《物种起源》（增订版），舒德干等译，北京：北京大学出版社，2005年，第285—286页。

② 《论语·为政篇》。

会。四十岁时，学得各种知识而不迷惑。五十岁时，而理解了天命。六十岁时，一听别人的言语，便能分辨真假对错。到了七十岁，随心产生的各种念头，都不会越出规矩。"人一生的成长、成熟的过程是人不断认识的过程。孔子也注意到了人对于时间具有主体性。

恩格斯在写于 1876 年 9 月至 1878 年 6 月的《反杜林论（欧根·杜林先生在科学中实行的变革）》这部著作中说道："人的思维是至上的吗？在我们回答'是'或'不是'以前，我们必须先研究一下：什么是人的思维。它是单个人的思维吗？不是。但是，它只是作为无数亿过去、现在和未来的人的个人思维而存在。如果我现在说，这种概括于我的观念中的所有这些人（包括未来的人）的思维是至上的，是能够认识现存世界的，只要人类足够长久地延续下去，只要在认识器官和认识对象中没有给这种认识规定界限，那么，我只是说了些相当陈腐而又相当无聊的空话。因为最可贵的结果就是使得我们对我们现在的认识极不信任，因为很可能我们还差不多处在人类历史的开端，而将来会纠正我们的错误的后代，大概比我们有可能经常以十分轻蔑的态度纠正其认识错误的前代要多得多。"[1]

恩格斯在《反杜林论（欧根·杜林先生在科学中实行的变革）》这部著作中说道："思维的至上性是在一系列非常不至上地思维着的人中实现的；拥有无条件的真理权的认识是在一系列相

---

[1] 《马克思恩格斯选集》第3卷，北京：人民出版社，2012年，第462页。

对的谬误中实现的；二者都只有通过人类生活的无限延续才能完全实现。"

"在这里，我们又遇到了在上面已经遇到过的矛盾：一方面，人的思维的性质必然被看做是绝对的，另一方面，人的思维又是在完全有限地思维着的个人中实现的。这个矛盾只有在无限的前进过程中，在至少对我们来说实际上是无止境的人类世代更迭中才能得到解决。从这个意义来说，人的思维是至上的，同样又是不至上的，它的认识能力是无限的，同样又是有限的。按它的本性、使命、可能和历史的终极目的来说，是至上的和无限的；按它的个别实现情况和每次的现实来说，又是不至上的和有限的。"①

从人类总体来说，主体认识能力是沿着上升的趋势变化的，主体认识能力越来越完善，越来越进步。在人类世代更迭的长河中，后代人的认识通常比前代人的认识进步，认识能力也是后代强于前代，每一代人都继承着前代人的认识成果，同时又纠正着前代人的认识错误。人类总体的认识能力就这样形成了一个无限发展的链条。因此，人的时间是人的生活的最宝贵的条件。人的时间不仅与人的生存条件相关联，而且与人的发展条件相关联。

第四节　小　　结

时间的本质，即为本质的时间。有迹象表明，人是归属于时间

---

① 《马克思恩格斯选集》第3卷，北京：人民出版社，2012年，第463页。

的本质的。事实上，人的时间处于人的时间的本质之中。人的时间是在人的时间的根据、规律、条件中构造起来的。人认识了时间的本质，就能了解时间的重要性。人的时间是有明确的本质的。人是有必要去了解人的时间的本质的。人是能够触摸到人的时间的本质的。从本质上看，人的时间能够成为人的发展的组成部分。

人的时间向来就是这样一种东西：人的时间本质上是能够随着人的存在显现出来的。人的时间本质上不仅是能够随着人的生存显现出来的，而且是能够随着人的发展显现出来的。只要人存在，人的时间就已经面向人了。只要人存在，人的时间就不仅已经面向人的生存了，而且已经面向人的发展了。人的时间中本质地包含有受指派状态。

人对人的世界是具有组建作用的。人们在人的世界中是可以看出人的时间的本质的。人的时间只有在人的世界中才能得到理解。在人的时间中始终应该保留下来的东西就是在人的世界中真正应该存在的东西。所以，人的时间就是通过人的世界得到描述的。人的时间是协调人们相互关系的工具。人的时间本质上是社会时间。

德国哲学家康德（Immanuel Kant，1724—1804 年）在《实践理性批判》这部著作中论述了时间观。他说道："有两样东西，我们愈经常愈持久地加以思索，它们就愈使心灵充满日新月异、有加无已的景仰和敬畏：在我之上的星空和居我心中的道德法则。我无需寻求它们或仅仅推测它们，仿佛它们隐藏在黑暗之中或在视野之外逾界的领域；我看见它们在我面前，把它们直接与我实存的意识连接起来。前者从我在外在的感觉世界所占的位置开始，把我居于其中的联系拓展到世界之外的世界、星系组成的星系以至一望无垠的规模，此外还拓展到它们的周期性运动，这个运动的起始和持续的无尽时间。后者肇始于我的不可见的自我，我的人格，将我呈现在一个具有真正无穷性但仅能为知性所觉察的世界里，并且我认识到我与这个世界（但通过它也同时与所有那些可见世界）的连接不似与前面那个世界的连接一样，仅仅是一种偶然的连接，而是一种普遍的和必然的连接。前面那个无数世界的景象似乎取消了我作为一个动物性创造物的重要性，这种创造物在一段短促的时间内（我不知道如何）被赋予了生命力之后，必定把它所由以生成的物质再还回行星（宇宙中的一颗微粒而已）。与此相反，后者通过我的人格无限地提升我作为理智存在者的价值，在这个人格里面道德法则向我展现了一种独立于动物性，甚至独立于整个感性世界的生命；它至少可以从由这个法则赋予我的此在的合目的性的决定里面推得，这个决定不受此生的条件和界限的限制，而趋于无限。"①

康德时间观对西方时间观有深远的影响，也有助于马克思主义时间观的诞生。人们应该充分肯定康德时间观在人类时间观发展中的地位。

时间是真实存在的。时间是不可逆的。时间是连续的。珍惜时间就是节省时间。时间是能够呈现出跨度的。人可能随时间改变。时间像时钟，在嘀嗒声中流逝。人的时间长河有开始和结束，人们对人的时间的遐想也有开始和终结。人们应该珍惜有限的生命时间。

---

① 〔德〕康德：《实践理性批判》，韩水法译，北京：商务印书馆，1999年，第177—178页。

第三章 时间观的产生

第一节 时间观的产生的内涵

观念是人脑对客观存在的主观反映，观念既是客观的，又是主观的。一方面，观念的内容来源于客观环境，是对客观事物的反映，受客观事物的制约、受客观事物的决定，离开了客观存在，观念既不能产生，也不能发展；另一方面，观念又不同于客观存在本身，观念的反映形式是主观的，是经过头脑改造过的物质的东西，是客观存在的主观映像。马克思在写于1873年1月24日的《〈资本论〉第一卷1872年第二版跋》中说道："我的辩证方法，从根本上来说，不仅和黑格尔的辩证方法不同，而且和它截然相反。在黑格尔看来，思维过程，即甚至被他在观念这一名称下转化为独立主体的思维过程，是现实事物的创造主，而现实事物只是思维过程的外部表现。我的看法则相反，观念的东西不外是移入人的头脑并在人的头脑中改造过的物质的东西而已。"①

观念的产生既取决于客观存在，也受人的各种主观条件的影响。对同一事物，不同的人会产生不同的印像，持有不同的观念。时间观的产生也是如此。时间观既取决于当时人们所处的历史环境，也受制于人们的主观条件。理解时间观的产生，应该放在时间观产生的时代里去考察。时间的走向是非常重要的。这是时间观产生的真正的本质。时间观是对生命本身的关心与尊重。时间观产生的真正的本质在这里。

时间观具有反映社会的功能。时间观是人们生产和生活习惯形成的观念。时间观的产生和人们的实践有直接关系。时间观的形成是一点一点完成的，不是一天就能完成的，而是要慢慢形成。时间观的形成不是容易的事，而是困难的事。

日籍爱尔兰裔作家小泉八云［Kozumi Yakumo，原名拉夫卡迪奥·赫恩（Lafcadio Hearn），1850—1904年］在《日本与日本人》这部著作中谈到时间观时说道："为了现在而想到将来，对于文明是重要的。在一个文明的国里，最普通的工人便这样做。倘然他是一个有脑筋的人，他不论能赚多少钱，等到一赚到，他不会都去消耗完，却总要贮蓄着一大部分，以为将来的不时之需。这是最普通的一种先见。政治家的先见，就要较为高等些。当他反对或提议一种法律时，他就要想到，——'这法律在我死后一百年，将要有些什么结果呢？'可是哲学家的先见，却还要遥远些。他要问：'现

① 《马克思恩格斯选集》第2卷，北京：人民出版社，2012年，第93页。

在的状况，在从此以后的一千年中，将要有些什么结果呢？'而且他所想到的，并不单是一个国家，却是全体人类。"①

德国诗人、剧作家、思想家歌德（Johann Wolfgang von Goethe，1749—1832年）在1828年12月16日对德国文学青年爱克曼（J. P. Eckermann，1792—1854年）谈到时间观的来源时说道："我们固然生下来就有些能力，但是我们的发展要归功于广大世界千丝万缕的影响，从这些影响中，我们吸收我们能吸收的和对我们有用的那一部分。我有许多东西要归功于古希腊人和法国人，莎士比亚②、斯泰恩③和哥尔斯密④给我的好处更是说不尽的。但是这番话并没有说完我的教养来源，这是说不完的，也没有必要。关键在于要有一颗爱真理的心灵，随时随地碰见真理，就把它吸收进来。"⑤

第二节　时间观的产生的意义

时间观的产生对人有极大的好处。美国哲学家乔治·桑塔亚那（George Santayana，1863—1952年）在《美国的民族性格与信念》一书中曾说过："要进步就要包容与总结以往的一切有益的东西，

---

① 〔日〕小泉八云：《日本与日本人》，胡山源译，北京：中国社会科学出版社，2008年，第74页。
② 莎士比亚（William Shakespeare，1564—1616年）系英国剧作家、诗人。
③ 斯泰恩（Laurence Sterne，1713—1768年）系英国小说家。
④ 哥尔斯密（Oliver Goldsmith，约1730—1774年）系英国作家。
⑤ 〔古希腊〕柏拉图：《柏拉图文艺对话集》，朱光潜译；〔德〕爱克曼辑录：《歌德谈话录》，朱光潜译，北京：人民文学出版社，2015年，第371—372页。

并且增添合适的新内容。"①

法国社会学家路先·列维-布留尔（Lucién Lévy-Brühl，1857—1939年）在《原始思维》一书中谈到原始人的时间观时说道：

> 一般的研究者们都经常强调"野蛮人"非常"迷信"。在我们看来，这意味着他们是按照自己的原逻辑的和神秘的思维行事。如果他们不"迷信"，那才是怪事儿，甚至是不可思议的哩。
>
> 有了这样的思维，实际上，对任何事情，甚至常常对欧洲人觉得最寻常的事情，如晚上停宿一夜以后早晨继续上路之类，差不多都以诉诸占卜为必不可少的先决条件。常常有这样的情形，土人脚夫们特别不听话，如果他们胆敢冒险，他们甚至拒绝上路。如金斯黎小姐指出的那样，白种人旅行者如果不深知自己这队人的思维，他只会在这里面见到懒惰、不服从、食言、无可救药的不诚实，其实，很可能根本不是这么一回事儿。也许黑人睡醒以后，其中一个人发现了什么预示他或者全队人将要遭难的凶兆，所以他们不听话了。在这种情形下，自然要问计于卜；如果没有兆头，占卜也可以把它引出来。要知道，如果由于不可克制的神秘联系而使事情注定要失败，那么，去冒险干这个事情，对土人来说是如此不明智，正如我们违反自然规律（如违反万有引力律）而行事一样。然而，如果

---

① 〔美〕乔治·桑塔亚那：《美国的民族性格与信念》，史津海、徐琳译，北京：中国社会科学出版社，2008年，第14页。

不通过占卜，又怎能知道这一点呢？

　　而且，采用占卜也不足以完全保证事情在总的方面的成功；还不得不在每一步骤，也可以说在每一时刻里诉诸预兆和圆梦。许多研究者都阐释过这一点。在战争中，在狩猎中，差不多不论在什么场合中，只要个人或集体的活动抱有某种目标，如不得卜师、巫医、巫师的有利意见，则将一事无成。如果事情成功了，则这个成功应归功于对规定和指示的严格遵守。[①]

动物消极地适应环境，原始人则能动地控制、改造环境，使之满足自己的生存和发展的需要。由于社会生产力水平极其低下，原始人对现实环境产生了虚幻的、颠倒的能动反应。从这个意义上说，原始宗教所体现出来的原始人的能动性，不仅不是原始人落后的表现，反而是原始人进步的表现。

原始人的能动性相对于后人来说，是落后的。但相对于它之外的其他动物来说，却是进步的。原始宗教的出现，是原始人能动性的体现，是原始人进步性的表现。

---

　　① 〔法〕路先·列维-布留尔：《原始思维》，丁由译，北京：商务印书馆，1981年，第281—282页。

第二编

时间为什么

时间总只是在作为人的历史亲在的某个时间中才成之为时间。

——〔德〕海德格尔《形而上学导论》

第四章 时 间 与 人

时间与人是有着密切联系的。只有在时间的基础上，人的生命才有其意义和分量。只有在时间的基础上，人的生命才有其必然性。时间与人是相互联系在一起的。

第一节 认 识 时 间

人要认识时间，首先要理解时间。人要理解时间，就要认识时间。认识本质上是时间性的。因为时间是有限的，所以人要珍惜时间。时间的意义源自时间的有限性。时间是由过去、现在和未来而定义的。时间的基本现象是过去、现在和未来。时间是有分量的。人是时间的守护者。人的时间不仅是有可能性的，而且是有必然性的。人的时间是有现实性的。人的时间里是有人的记忆的。人的时间里是有人的成长的。人是在时间中长大的。一切都是在时间中变化的。人是习惯时间的。人是要守护时间的。人总是赶时间。

　　人有了时间，就有了改变人生的力量。人人都不可或缺时间。时间来得实在不易，因此应该多多珍惜。任何地方有时间，都是人的机会。人的时间能够化为人的力量。人有时间，便有根。人无时间，便无根。人在认识和实践中尽了自己的时间，就尽了自己的力量。人与时间是共存的。人为了达到目的，非牺牲自己的时间不可。时间对于人是有作用的。人只有合理地使用时间，才能生存下来和发展起来。说到底，没有时间，事情是做不成的。人只有尽了自己的力，才能珍惜时间。时间一定是有分量的。

　　时间是人最喜欢的东西。人一直觉得时间不够用。人所取得的成就，都是在时间中得来的。人若能理解时间，便能有进步。人是喜爱时间的。时间在人的生活中是有重要的地位的。人的时间是由许多部分组成的总体。人是有时间的人。人的时间是有规律可循的。理解时间是有益的。时间能够促进人的发展。由于时间有不可思议的力量，因此人需要时间的指引。在时间的指引下，人的力量会越来越大。

　　不论什么时代，人的认识和实践都是按照规律产生的。由于时间是飞逝的，因此时间十分珍贵。时间必然表现生活。无视时间断送过不少人。人只要看出时间无法改变，就会迁就时间。人只要有时间，就会造出许多天地。人的特色是由社会生活决定的。一个人永远留着社会的痕迹。人的生活是很有意思的。事实上，人的生活是有境界的。人有了时间，就有了生机。人失去了时间，就失去了生机。时间对人是有好处的。

　　人能够将时间放在自己可控制的范围内使用，所以时间是能够服务于人的。时间能够在人的认识和实践中发挥重要的作用。时间在人的认识和实践中能够产生实际的影响。从这个意义上说，时间能够为人的发展作出贡献。时间能够引导人发展。显然，时间是人的不可或缺的一份资源。时间是人所栖息的空间。时间能够令人印象深刻。人是拥有时间的维度的。时间在每个人的身上都是有可能性的。时间不仅能够帮助人改变自己，而且能够帮助人改变世界。时间能够让真正的生活呈现。时间对于人来说是非常重要的。时间是具有根本性价值的。时间能够使人成为现实的人。时间不仅能够使人发生变化，而且能够使人发生根本性的变化。人是能够用时间来思考的。

时间不仅能够肯定人，而且能够否定人。时间是能够让人流泪的。人有时为时间流泪。时间对人来说是机遇。毫无疑问，人需要从时间中获取些什么。可以说，有了时间，人就有了进步的可能。有了时间，人就有了提高的可能。时间能够为人提供很大的帮助。时间实际上是人的能量的来源。因此，珍惜时间是必要的。时间是人生命的不可或缺的一部分。时间是有实际可能性的。时间不仅蕴含着开始，而且蕴含着结束。时间是人的整个人生的背景所在。时间对于人而言是非常必要的。时间能够保护人的过去、现在和未来。

人有了时间，就会知道世界是什么样子。对于人生，时间是不可缺少的。人有时间，就有可能。人有时间，真是有意义的。因此，时间一直是人所要的东西。时间不仅能够使人的生活变得快乐，而且能够使人的生活变得痛苦。时间不仅能够使人的生活变得非常快乐，而且能够使人的生活变得非常痛苦。人类社会生活的变化是发生于时间之中的。人生的变化是非有时间不可的。当人成功或者失败的时候，笔者觉得，那正是一个让人熟思关于时间问题的好机会。珍惜时间，就是珍惜人生。浪费时间，就是浪费人生。时间能够限制人的生活。人被给予为时间所限制的生活。人有了时间，就能够做各种有意思的事情。人与时间是互相规定的。人时常追赶时间。时间是极其富有教训意义的。

时间不仅有数量，而且有质量。人只有珍惜时间，方有成果。没有人能随随便便成功。人要相信时间是有用的。人不要低估看似平凡的时间。不仅顺境能够显示时间，而且逆境也能够显示时间。时间能够教育人。时间能够为人呈现发展的多种多样的路径。人如果能够理解时间，那么人的认识能力和实践能力都会有进步。人只有理解时间，才能大彻大悟。天下不可一日无时间，时间不可一日无人。人是乘时而起的。时间能够对人起推动作用。人不仅能够改变时间，时间也能够改变人。人与时间有密切的联系。人常常直接对时间提出要求。这是有理由的。实际上，人是看重时间的。有时候，人希望时间前移。有时候，人希望时间后移。时间是人的重要组成部分。时间是有丰富的内容的。时间成了人的有机组成部分。时间与人是融为一体的。

时间是能够回答历史的。时间是一种现实的力量。人对世界或社会能够有跨越时间的巨大影响。时间对于人具有长久的吸引力。时间在人类历史上占有特殊的地位。时间是人发展的重要推动力。时间能够对于人的发展起很关键的作用。人都要来到时间的领域。

时间在人的生活中能够造成不小的影响。因此，时间是真实的。时间需要历史。时间能够反映历史的真实面貌。生存和发展能够占据人的漫长的时间。认识和实践能够占据人的漫长的时间。时间不仅能够使人发生量变，而且能够使人发生质变。时间包含着深刻的历史意义。这样，时间就成了人的必然需要。时间具有感化人心的重要作用。

时间是有基本内容的。时间在整个人生中具有根本意义。人只有理解时间，才能理解人生。时间与人的实际生活是联系在一起的。时间不仅具有历史意义，而且具有国际意义。时间与世界具有密切关系。因此，人的命运，最终都是由时间来决定的。人理解时间的过程，也就是理解自己的过程。人理解时间的境界，也就是理解自己的境界。人与时间是联结在一起的。人与时间是息息相关的。人的时间就是人的现实。时间对于人来说是至关重要的。人与时间是密不可分的。时间是有力量的。时间是人力量的所在。时间实际上是人所追求的最重要的东西。显然，人需要很长时间。时间在人的认识和实践中是发挥作用的。所以实际上，人是需要时间的。脱离了时间，人是无法思考空间的。

第二节 实践时间

人要实践时间，首先要理解时间。人要理解时间，就要实践时间。实践本质上是时间性的。人珍惜时间是有道理的。时间始终是一种启示。人是依据于时间的。人始终与时间相联系。不仅人的认识活动是在时间中进行的，而且人的实践活动也是在时间中进行的。珍惜时间，在笔者看来是最艰难的事情。对人而言，时间是无处不在的。人在时间中是能够取得经验的。唯时间才使人获得存在。人是在时间中取得经验的。人在时间中是能够获得显示的。人是由时间来规定的。任何问题的提出都是在时间中发生的。思考时间，根本上就是一种追问。在人生的道路上，时间是伴随着人的。人只有处在时间中，才能有所经验。人在时间中是能够获得决定性的灵感的。

时间与人是发生关系的。可以说，时间供养着人而使人成其为人。人们谈论时间，但这种谈论始终似乎只是关于时间的；而实际上，人们已经从时间而来。有关时间的经验能够给人意味深长的暗示。当时间可用于表示人时，人们就理解了时间。于是时间是存在的。时间对于人所特有的支配作用是令人惊奇的。把人带到时间的东西就是真理。由之而来，真理能够指引人而入于时间之中。时间是人所特有的。人是在时间中获得其规定性的。所以，事关宏旨的是，人要遵循时间的指引。时间对人来说始终是决定性的。人在时间中能够认识到他本身的归属。由此可见，人是以时间为根据的。时间能够触动人们沉思。

时间的条件是设立时间的原因、建立时间的根据。时间是有可能性的。时间能够对人起着决定性的作用。人们珍惜时间，只是因为人们本就归属于时间。人在时间中成其本质。人终身栖留于时间之中。人是在时间之中的。一切人都是历史性的。人与时间是有意义联系的。时间对于人的生存和发展是很有意义的。时间无止境。时间是难得的。人是什么样的，便选择什么样的时间。时间乃是人的真正的基石。人的一切秘密，只有从时间入手，才有可能揭开。时间在人类社会发展中起重要作用。人应该珍惜自己的时间。人应该珍惜自己的精力。人只有珍惜时间，才能不虚度光阴，才能指望有所成就。人如果能珍惜时间，则每天都会有进步。人想要珍惜时间，没有比勤劳更要紧的。人只有勤劳，才能达到有所成就的目的。人只有勤劳，才能不虚度青春，走向光明。

时间不无道理。人们必须思考时间所指向的事情本身。在世界上，并不存在既成的时间。时间总是此一时间，作为此一时间，时间便是命运。时间，从它的孕育和在场方面来说，每每都是人的时间。在任何情况下，一切时间都受人的规定。不仅所有的时间是无与伦比的，而且任何时间都是无与伦比的。时间会对人产生启发吗？会。在时间中蕴含着某种东西。在时间中蕴含着某种显示。时间是有意味的。要体会出时间的意味，只有亲临时间，方能经验到。在时间中隐藏着人之为人的伟大尺度。只有时间才能护佑人的面貌。只有时间才能使人在尘世途中的驻留成为可能。由于有时间，人才能赢得人的规定性。时间能够对人产生深刻的作用。时间在人看来是伟大的。人在时间中是能够臻于完善的。人有了时间，就会有勃勃生机。

人在时间中是要经受得住时间的流逝的。人是有时间的依据的。人看重时间，这是有充分理由的。时间不仅是有认识关指的，而且是有实践关指的。对人来说，时间的消失是一种无法弥补的痛苦。对人来说,无论时代怎样变换,也无论从什么方式来看,时间都是规定性的。时间能够使人富有生气。时间是有可能性的。时间能够陪伴人生的全过程。时间能够留下空间。时间是以观念为指导的。时间是能够帮助人的。时间能够使人茁壮成长。时间能够使人有活力。人在时间中成其本质。时间决定人进入其本质之中。人是以时间为基础的。时间是人之为人的决定性因素。

问题根本不在于提出一种新的时间观。关键在于学会在时间中栖居。人是以其在时间中的基调为根据的。从时间的角度来看,人是蕴含时间的。人经历时间的流逝过程。人在时间中是能够被改变的。时间能够使人有本质性的区别。时间本身有话可说。时间伴随人。时间能够使人的生命的意义显现出来。时间生成人的意义和形象。人的意义和形象是由时间规定的。时间永远在人的记忆中。时间具有一种规范的力量。人的道路是有前景的。时间能够为人提供可能性。人如何开端时间,就将如何保持时间。时间是与真理相一致的。时间能够使真理充分显现出来。人是以时间为基础的。人对时间是有期望的。时间是在期望的意义上被理解的。时间同时即是表现。时间与人是相关的。

人是从现实的人变为理想的人的。人能够对时间体会得非常深刻。时间在人的生命中占据着独一无二的地位。人在时间中能够看到希望。人在时间中是有需要完成的意义的。如果人们相信时间是有用的,那么就应该在这一时间播种,在下一时间收获。人可以明显感到时间对人的影响。时间在人的认识和实践中占有很重要的地位。时间不仅对于人认识世界有所帮助,而且对于人改造世界也有所帮助。一切时间都具有相对性。

时间能够变成社会生活的动力。时间能够引起许多变化。人在时间中能够有本质上的变化，能够有看得见的变化。时间对于人而言是必不可少的。时间是美好的。时间不仅能够把人带进有限之中，而且能够把人带进无限之中。人觉得自己是为时间而生的。时间是人的生命不可或缺的组成部分。因此，珍惜时间是出于人的必需。时间是人的宝藏。时间有无与伦比的力量。时间与人是息息相关的。时间不仅能够拯救个人，而且能够拯救整个人类。

时间是能够得到理解的。时间是能够将人与世界联系在一起的。人是能够在时间里试一试自己的力量的。人是能够成为有生命力的人的。因此，人的整个世界都会因失去了时间的根基而坍塌。人在时间中是能够看到自己的升华的。人在自己的身上是能够看到自己的升华的。人的一切现存的方面都和时间紧密相连。人是有内在的必然性的。

人是由时间构成的。人如果失去了时间，就会失去了平衡。人的生命的过程完全是阶段性的。人是受时间的限制的。人在时间中是能够感受到时间的力量的。在人看来，时间是无与伦比的崇高。时间是属于人的。人能够感觉到自己与时间有着千丝万缕的联系。人只要有时间，就会到达无穷无尽的境域。因此，人的真实面貌远不是人所是的那样。

人是与人的时间为伴的。在人的生命中，时间是一小时一小时地流逝的。时间是人的生命的唯一的根源。时间能够令人惬意。时间能够成为人的生命中不可或缺的组成部分。时间能够使人获得机

会。如此看来，时间是有价值的。人与时间是联系在一起的。时间
不仅能够使人是瞬间的人，而且能够使人是永恒的人。时间对于人
而言是珍贵的。

第三节　珍　惜　时　间

人要珍惜时间，首先要理解时间。人要理解时间，就要珍惜时
间。珍惜本质上是时间性的。人们在时间中是有共同之处的。时间
不仅是人不可或缺的生存条件，而且是人不可或缺的发展条件。人
不仅具有认识的能力，而且具有实践的能力。人的认识能力和实践
能力是以时间为代价换取来的。人的认识能力和实践能力是与时间
联系在一起的。因此，时间能够被赋予无限的价值。人是能够理
解人的时间的。人是能够清楚人的时间的。人是能够承受人的时
间的。

人能够将目光投向时间。人不仅是有属于自己的时间的，而且
是有属于自己的世界的。时间对于人而言是无与伦比的。因此，要
珍惜时间是十分困难的。时间不仅能够将人逐入有限之中，而且能
够将人逐入无限之中。时间能够成为塑造人的开端。时间也能够成
为人生命的终点。时间始终能够转变人。人借助时间是能够丰富自
己的。时间是人的不可估量的财富。时间是能够产生力量的。

时间不是天生的，而是后天形成的。时间不是天生的，而是后
天被塑造的。人是有多种时间的。时间不是静态的，而是动态的。

在时间中隐藏着值得思想的东西。人在时间中是能够获得规定性的。时间是一种生成。时间对人毕生都有着决定性的影响。时间能够成为人的精神上的决定性力量。时间能够成为人思想的决定性本源。人只有有时间，才会有出息。人只有有时间，才会处在发展过程的诸阶段之中。

人是受时间引导的。人与时间是有关系的。人与时间的联系，并不是明摆着的事情。人与时间是存在着现实关系的。人对时间的理解是要通过对时间的解释来实现的。时间是历史性的。人对时间的理解必须在事实中获得奠基。时间是奠基性的和构造性的。并非应当决定现实，而是现实决定应当。人对时间的理解是十分有根有据的。人对时间的理解并不是任意的，而是必然的。

任何时间都只能由时间本身来规定。时间是多义的。时间的规定是多样的。时间原始地贯穿着人的整个本质。所以，时间能够把人们聚合起来。对于人而言，时间是尚有待规定的。时间是人的生命之中一抹不可或缺的色彩。时间是人的非常宝贵的财富。时间是与人的力量连接在一起的。时间永远是人的宝贵的财富。时间能够显现人的生活的丰富多彩，能够显现人的生命的无限深邃。是啊，只有通过时间，人们才能真切地测出感觉的深度。只有通过时间，人们才能最大限度地认识人类。

人的认识和实践都是以时间为前提的。人的认识和实践都是在时间中被开发出来的。时间对人的认识和实践来说是决定性的。因此，人的认识和实践根本上包含着时间的必要性。人的认识之本质和实践之本质包含着时间之性质。时间在人的认识和实践中是具有强大作用的。人不会对时间的威力视而不见。从此,时间便属于人的认识和实践的组成部分了。

对于时间的沉思具有决定性的优先地位。时间是有分量的。人借助于时间能够进入认识领域和实践领域。只有基于时间的本质特性的伟大,人才能创造出一个伟大性的空间。人的伟大是与时间的伟大联系在一起的。人的认识和实践是有实际根据的。时间对于人的认识和实践来说是必不可少的。时间可以给人们一个指引。人们对时间开头的理解与对时间终点的理解是各不相同的。

人的认识和实践是建立在时间的基础之上的。人的认识和实践是建立在时间的条件之上的。人的认识和实践是必然地受到时间束缚的。人只有在时间之中,才能成为现实的人。对人来说,重要的是对时间的基本理解。对人来说,重要的是对人的基本立场的理解。凡人处在认识和实践之中,就有伟大的人。人与认识和实践是紧密联系在一起的。正是鉴于这些规定性,人形成了关于时间和时间观的规定。

如果人的本质取决于人与时间的联系,那么人的能力就必定会与时间相遇。人的能力是处在生成之中的。人的能力是有根有据的。时间具有一种为人的历史奠基的意义,时间的本质就在这样一种意义中。因此,时间是必须受到关注的。时间对于人能力的提高是必不可少的。人的一切能力都是历史性的。人的一切能力都是时间性的。因而人的一切能力都是必然的。人的能力绝不可能是任意的,也绝不可能是毫无后果的。人的能力是有主导含义的。人能够认识到这一事实,是具有决定性意义的。

人是通过时间而得到规定的。人对于时间是有总体立场的。时间是有内在的力量的。时间是有决定性的东西的。人在时间的领域里是有可能性的。时间不是无关紧要的。人的思想显然是在时间中形成的。人能够进行认识和实践，是有前提的。人有早期、晚期和顶峰时期。倘若人们不知道什么是时间，那人们就理解不了人。事实上，人是寓于时间的。

只有人才拥有思考时间的能力。珍惜时间属于人的本质。时间与人是共属一体的。人是要获得一个立足点的。拥有时间乃是人的生命的基本条件。人拥有时间，就能提高生命。人对时间的正确的理解要从人的整体中得出来。人对于时间恰当地理解是人理解时间的开端和方向。人对于时间的理解是与人的基本立场联系在一起的。人要确定：人的基本立场的本质是什么。

人的时间是人的真正的现实性。时间能够为人的转变铺平道路。时间是能够决定人的。时间是人所珍惜的东西，是值得珍惜的东西。时间具有深刻的意义。人是要肯定时间的。时间是大有魅力的。人是由时间来规定的。人是在时间中得到规定的。变化是人想要在时间中看到的东西。变化是大有必要的。人对于变化是喜欢的。变化是人所必需的。人总是希望一切都变得美好。

珍惜时间一定是令人注目的。人在时间中是能够获得自己的规定性的。人在时间中是能够使自己成为必需的。时间对于人的规定来说必定始终是决定性的。只有当人处在时间之中的时候，才能够看到本质性的东西。因此，时间对人而言是十分必要的。人对于珍惜时间是完全有把握的。珍惜时间对人而言是具有特殊重要性的。

珍惜时间对人而言是能够直接显示出整体意义的。珍惜时间的特性始终是有重要意义的。

自然的时间与人们所体验的时间是有区别的。人对时间是有丰富的展望的。时间对于人的意义实际上是不可估量的。时间是现实的。时间蕴含着一种必然倾向。所以,任何一种时间观,都无可避免地是一种时间化。时间问题并不是无关紧要的问题,也不是一夜之间就能解决的。因此,对时间的沉思具有必然性。时间整体上必须由人来理解。时间整体上必须由人来解释。人是要从整体上来理解时间的。人是要从整体上来解释时间的。

人不能对时间视而不见。人既要从世界出发来思考时间,又要从时间出发来思考世界。人既要从时间出发来思考人,又要从人出发来思考时间。所以,时间不只是如此,而是其实如此。人不只是如此,而是其实如此。时间对于人来说不是无根据的,而是有根据的。人不仅能够思考时间,而且能够彻底思考时间。时间对于人是有肯定意义的。时间对于人的意义乃是一种不断的意义,亦即是一种永恒的意义。人对于时间的珍惜实际上是不可避免的。

人始终只是从某个时间角度出发进行思考的。人是由时间决定的,但反过来讲,时间也是由人来决定的。实际上,人是能够对时间进行思考的。时间是有真正的内容的。时间是有决定性的意义的。对时间的理解始终是一把双刃剑。人对时间是能够从根本上进行理解的。人只有从根本上理解时间,才能成为有根基的人。人是能够改变自己的。人在时间中改变的内容是十分重要的。时间对人来说是可以思考的。

人的意义是与人对时间的珍惜联系在一起的。人对时间珍惜的内容是十分丰富的。人对时间的珍惜是以人的认识和实践为依据的。珍惜时间有贯通一切的作用。珍惜时间是本质性的。人生命的整体完全是由人的时间来承担和决定的。因此，珍惜时间并非是不值得一提的事情，而是非常值得思考的事情。时间是人生命的条件。珍惜时间是人生命质量提高的条件。

人的时间其实有着包含人的整体的作用。对时间的思考能够彻底改变人的生活。珍惜时间在人的生命整体中居于中心地位。对人来说，珍惜时间是有价值的。珍惜时间是有根本性意义的。无论在哪里，珍惜时间都是有意义的。珍惜时间是有决定性的地位的。珍惜时间是能够为人的生命方式奠定基础的。人是能够在时间中得到规定的。

第四节 小 结

时间是与人有关的。看起来，从时间与人之间的关系中，人们或许可以找到一条通达解决时间观问题的途径。正是在时间与人的关系中，人们才可深入地追问时间观问题。正是在时间与人的关系中，人们才能够获得对于时间观的具体化理解。时间与人的关系其实始终就是时间观所指的东西。人们从时间与人的关系那里是能够获得积极意义的。

人的时间对人具有指引的性质。人具有受人的时间指引的性质。时间与人的关联应该由"指引"来指明。时间与人的关联向来是由人的整体性显现出来的。人的整体性归根到底要回溯到人的时间性之中。人的整体性总同人的时间性相关。人的整体性本质上就是为人的时间性而存在的。人向来不仅是人的整体性的具体化，而且是人的时间性的具体化。

　　人的时间是导向人的整体性的。人的时间是能够对人之整体加以规定的。人们是能够从根本上对时间与人的关系加以理解的。人们是能够从根本上把握时间与人的关系的。

第五章　时间的作用

　　人的时间是人的位置。人的时间有大的力量，有极大的力量。人的时间是人生命历史的力量，也是人生命本身的力量。人的时间的作用体现在时间与伟大、时间与转变、时间与自由、时间与光明、时间与温暖、时间与希望之中。

第一节　时间与伟大

　　人的时间能够带给人伟大。正是从人的时间出发，人的本质才会得到规定。人的时间是能够给人以指点的。人能够在人的时间中得到规定。人在人的时间中是能够体验到人的时间的。人只有在人的时间中，才能得到自身的规定。人的时间对于人而言是至关重要的。人的时间对于人而言是历史性的。人的本质是在人的时间中得到规定。人在人的时间中是能够得到决定性的规定的。

　　人在人的时间中是能够得到帮助与指点的。人的时间对于人而

言是有指向的。人的时间是有本质性意义的。人在人的时间中是有
筹划的。在人的时间中是有筹划的东西的。在人的时间中是有可靠
的东西的。在人的时间中是有人的本质存在的。在人的时间中是有
人的基本方向的。人在人的时间中是有整体含义的。人在人的时间
中是有基本特征的。

　　人的时间能够给人带来发展。人的认识和实践是能够在人的时
间中展开的。人的生命是能够在人的时间中展开的。人的意义是能
够在人的时间中展开的。人在人的时间中是能够开辟道路的。只要
人存在，人就在人的时间之中。人在人的时间中是能够得到奠基
的。人在人的时间中是能够传达出人的本质性的意义的。人在人的
时间中是有根本意涵的。

　　人在人的时间中是有方向的。人在人的时间中是有所作为的。
人在人的时间中是历史性的人。人在人的时间中是能够充分表现出
人的意义的。人在人的时间中是能够找到人的意义的。人与人的时
间之间休戚相关。人的时间对人是有帮助的。在人的时间与人的意
义之间有着源初性的本质关联。只有在人的时间中，人的意义才会
得到展开。正是在人的时间中，人的整体才能得到展开。

　　人的时间是人的存在的根基。人的存在是在人的时间中得到规
定的。人正是在人的时间中，人的存在才成为可能。人的时间与人
的存在有着紧密的关联。人的时间对于人的存在而言有着决定性的
意义。人在人的时间中不仅是有可能性的，而且是有必然性的。人
的时间是可理解的。人的时间自始至终都是对人起决定性作用的东
西。人在人的时间中是能够发生变化的。人在人的时间中不仅是能

够发生变化的，而且是能够发生大的变化的。人在人的时间中不仅是能够发生大的变化的，而且是能够发生极大的变化的。

人的时间是能够给人指引的。人的时间是有基本含义的。人在人的时间中是能够得到规定的，这表明人的时间能够成为规定人的存在的根基。人的时间能够将人适宜有的东西成就出来。人的时间能够使人做出成就。人的意义是能够在人的时间中得到规定的。人的意义是可以得到规定的东西。人的意义与人的时间是密切联系在一起的。人在人的时间中是有其根基的。

人的时间是处在人的显著的位置上的。人的时间对于人有一种根本性的影响力。人的时间能够为人提供基础。人的时间是能够从人的规定性意义上去理解的。对人来说，人的时间是有意义的。人的时间能够为人做出奠基性贡献。在人的生命中，人的时间起着举足轻重的作用。人的意义是通过人的时间体现出来的。人的意义与人的时间是关联的。人的时间对于人的意义极有助益。

人在人的时间中是能够获得引导的。人的时间是能够得到理解的。人的时间能够为人提供一盏指路的明灯。人的时间与人是紧密联系在一起的。人本质上是从人的时间中汲取营养的。人在人的时间中是能够获得实质性成果的。人在人的时间中是占据着主导地位的。人的时间在人的认识和实践中是能够发挥积极作用的。人的时间在人的认识和实践中是能够起决定作用的。

人是在人的时间的基础上从事认识和实践的。人的认识和实践是以人的时间为基础的。人的认识和实践是有背景的。人的时间对于人的认识和实践而言是至关重要的。人的时间是人的认识和实践所必不可少的。人的时间在人的认识和实践中是能够得到理解的。在人的时间与人的认识和实践之间，存在着一种关联。人的认识和实践只有在人的时间之中，才能得到充分的规定。

人是通过人的时间而得到规定的。人的时间对人是起着奠基的作用的。人的认识和实践是能够在人的时间中得到充实的。人的时间是能够对人的认识和实践起整体性的作用的。人唯有在人的时间中，才能真正地是其所是。人在人的时间中是能够得到充实的。人的时间对人是有真正的意义的。人只有在人的时间中，才能获得真正规定。人的时间对于人有着决定性的意义。

人在人的时间中是有方向的。人的认识和实践都应从人的时间的角度加以理解。人的认识和实践在人的时间中是能够得到规定的。人的认识和实践是以人的时间为基础的。人的生命是以人的时间为基础的。人的时间对于人的生命而言是奠基性的。人的时间对于人的认识和实践而言是奠基性的。人的时间对于人的作用而言是奠基性的。人的时间对于人的意义而言是奠基性的。

第二节　时间与转变

人的时间能够使人发生转变。人的转变是有真正的根基的。人的转变是在人的时间中实现的。人的转变是由人的时间所决定的。人的转变是一种被奠基的行为。在人的时间中蕴涵着人的转变的可能性。人的时间能够对人产生积极的作用。人的转变是由人的时间所规定的。人的转变是以人的时间为基础的。人的转变是能够得到正确的理解的。

人的转变不是漂浮无根的，而是被奠基的。人的转变是在人的时间的基础上得到建立的。人的时间在人的转变中是能够逐步地显示出其基础性的意义的。人的时间在人的转变中总是有其根基。人的时间在人的转变中是根本性的。人的转变是能够在人的时间中得到理解的。人的转变是与人的时间相联系的。人在人的时间中是能够获得指引的。人在人的时间中是能够获得基本的意义的。

人在人的时间中是能够得到规定的。人的认识和实践在人的时间中是能够得到规定的。人在人的时间中是能够得到理解的。人的认识和实践在人的时间中是能够得到理解的。人在人的时间中是能够在根本上得到揭示的。人的认识和实践在人的时间中是能够在根本上得到揭示的。人在人的时间中不仅存在着转变的可能性，而且存在着转变的必然性。人在人的时间中存在着转变的现实性。人的时间对于人而言是非常有用的。

人在人的时间中的转变是有根据的。人在人的时间中是由方向规定的。人的转变是由人的时间所规定的。人的转变是与人的时间相联结的。人的转变在人的时间中具有伴随含义。人的转变是通过人的时间而获得规定的。人的转变与人的时间是有联系的。人的时间对于人的转变是具有重要的意义的。人的转变的规定要以人的时间的规定为基础。

人只有在人的时间中，才是其所是。人只有在人的时间中，才能够显现自身。人的时间对于人具有构成性作用。人的时间对于人具有实在性。人的时间对于人的转变具有实在性。人的时间对于人的作用是确定的。人都是在人的时间中得到规定的。人在人的时间中是能够获得经验的。人在人的时间中是有出发点的。人在人的时间中是可予以规定的。人的转变在人的时间中是可予以规定的东西。

人在人的时间中是有转变的意义的。人的转变是在人的时间中构成的。人通过人的时间可以规定人的转变的意义。实际上，人的转变就存在于人的时间之中。人的转变的意义就存在于人的时间之中。只有当人处在人的时间中，人才有理由转变。只有当人处在人的时间中，人才能够经验人的转变。人的转变是在人的时间中显现的。人的转变是与人的时间相关的。

人的时间是能够指引人的。人在人的时间中是能够以人的时间为根据的。人在人的时间中是有方向的。人的时间不仅能够对人产生影响，而且能够对人产生大的影响。人的时间不仅能够对人产生大的影响，而且能够对人产生极大的影响。人在人的时间中是有出发点的。人在人的时间中是能够获得规定的。人在人的时间中是有倾向的。人在人的时间中是能够显现出人的倾向的。人在人的时间中是要受到人倾向的影响的。

人在人的时间中是非常重要的。人的时间不仅能够对人产生作用，而且能够对人产生大的作用。人的时间不仅能够对人产生大的作用，而且能够对人产生极大的作用。人与人的时间的关联是一种发展的关联。人的时间能够融入人的发展之中。人的时间对于人的发展而言是很重要的。人的时间的意义是能够得到规定的。人的时间能够成为人转变的构成基础。

人的转变在人的时间中是具有社会性的可能的。人的转变是以人的时间为指引的。人的时间是能够引导人的转变的。人在人的时间中是有倾向的。人在人的时间中的倾向是能够表现出来的。人对于人的时间是能够作出切实的理解的。人的转变是能够在人的时间中得到规定的。人的转变是能够在人的时间的意义上被理解的。人在人的时间中是有着走向人的转变的活生生的趋向的。

人在人的时间中不仅能够表现出确定性，而且能够表现出大的确定性。人在人的时间中不仅能够表现出大的确定性，而且能够表现出极大的确定性。人在人的时间中不仅能够表现出可能性，而且能够表现出大的可能性。人在人的时间中不仅能够表现出大的可能性，而且能够表现出极大的可能性。人在人的时间中不仅能够表现出必然性，而且能够表现出大的必然性。人在人的时间中不仅能够表现出大的必然性，而且能够表现出极大的必然性。人在人的时间中不仅能够表现出现实性，而且能够表现出大的现实性。人在人的时间中不仅能够表现出大的现实性，而且能够表现出极大的现实性。

人的时间能够把人引向正确的洞见。人在人的时间中是有正确的洞见的。人的时间能够为人的转变提供一个指针。人的转变是有背景的。只要人处在人的时间中，那么人就走在转变的道路上。只要人处在人的时间中，那么人在根本上就是能够转变的。人的时间不仅是有力量的，而且是有大的力量的。人的时间不仅是有大的力量的，而且是有极大的力量的。

第三节　时间与自由

　　人的时间能够带给人自由。人的时间是一种拥有自由的东西。人的时间能够给人的整体带来自由。人的自由在任何时候都是在人的时间中而得到呈现的。人的自由与人的时间是相关的。人的自由是在人的时间中获得规定的。人在人的时间中的自由能够显示出人的实质性的进步。人在人的时间中是要受到人的时间的影响的。人的自由是人的时间中非常显而易见的东西。

　　人的自由在人的时间中是发挥作用的。人的时间在人的生命中在一定程度上是一直占据着统治地位的。人的时间不仅能够对人产生影响，而且能够对人产生大的影响。人的时间不仅能够对人产生大的影响，而且能够对人产生极大的影响。人的时间在人的认识和实践中能够产生支配性的作用。人的时间在人的生命中能够产生支配性的作用。人的时间在人的认识和实践中具有重要的意义。人的时间在人的生命中具有重要的意义。

　　人的自由与人的时间是关联的。人的时间在人的认识和实践中是富有意义的。人的时间在人的生命中是富有意义的。人在人的时间中的规定是能够通过人在人的时间中的自由而得到显现的。人在人的时间中是能够受到人的时间的引领的。人在人的时间中是能够获得理解的。人在人的时间中不仅能够获得规定，而且能够获得彻底的规定。人与人的时间是有真切的联系的。

　　人在人的时间中是有条件的。人与人的时间是密不可分地结合在一起的。人的时间对人而言是可理解的。人的时间是能够得到显现的。人的时间对于人的自由是起作用的。人的时间不仅对人的认识是起决定性的作用的，而且对人的实践也是起决定性的作用的。人的自由蕴涵在人的时间的意义里。人的自由是在人的时间中存在的。人的时间对人的整体是起决定性的作用的。

　　人的时间能够在根本上给人方向。人的时间是能够在根本上给人可能性的。人在人的时间中是能够得到充分的界定的。人唯当在人的时间的基础上，才有可能在根本上承担与世界的联系。人与世界的关系是在人的时间中得到规定的。人的认识和实践是植根于人的时间之中的。人的认识和实践是在人的时间中实现的。人的认识和实践都是人的时间的存在方式。

　　人的时间是与人的世界联系的。人的认识和实践是能够在人的时间中得到探索的。人的世界是能够在人的时间中得到探索的。人的认识和实践从一开始就能够获得正确的理解。人的世界从一开始就能够获得正确的理解。人的认识和实践只有在人的时间的基础上才是有意义的。人的世界只有在人的时间的基础上才是有意义的。

　　人的倾向是与人的时间联系在一起的。人的倾向是在人的时间中生成的。人的倾向是以人的时间为根据的。人的倾向是建立在人的时间的基础之上的。这就是说，人的倾向是在人的时间中实现的。人的倾向不仅是人在认识中的着眼方向，而且是人在实践中的着眼方向。只有在人的时间中，人的认识进程和实践进程才是可理解的。人的认识进程和实践进程是一直保持在人的时间之中的。人的认识进程和实践进程只有在人的时间的基础上才是可能的。

只有当人处在人的时间之中，人才拥有自由的可能性，才拥有认知的可能性。人的自由是在人的时间中被奠基的。人的自由从来都只有在人的时间的基础上才是可能的。人只有通过人的时间方能达致自由。人的时间对人的自由是起着一种构成性的作用的。人的自由是在人的时间中生成的。人的自由是在人的时间的基础上产生的。人的自由是时间性的。

人的时间对于人的自由是起作用的。人凭借人的时间，就处在人的发展的位置上了。人的时间对于人的发展起很大的作用。人的发展是通过人的时间呈显出来的。人的发展是通过人的时间而构成的。人的发展是以人的时间为条件的。人的发展是有特定的方向的。人在人的时间中是有方向性的规定的。人的时间能够对人做出方向性的规定。人的时间能够对人做出基本的规定。

人的时间在人的生命的维持方面不仅是起作用的，而且是起大的作用的。人的时间在人生命的维持方面不仅是起大的作用的，而且是起极大的作用的。人的时间能够使人的生命发生意义上的变化。人在人的时间中是能够理解人的生命的实情的。人的时间能够对人做出具体的规定。人的时间不仅能够具体地规定人的认识性的东西，而且能够具体地规定人的实践性的东西。

人的时间只有进入人的眼界，才能得到理解。人的背景是在人的时间中生成的。人只有置身于人的时间之中，才有可能获得对人的时间的理解。人的时间是能够对人起指引作用的。人的方向是由人的时间所决定的。只要人处于认识之中和实践之中，人的时间就会进入人的眼界。人的认识和实践只有在人的时间的基础上才是可能的。人的认识只有基于人的时间的背景，才会出现人的认识的情形。人的实践只有基于人的时间的背景，才会出现人的实践的情形。

第四节　时间与光明

　　人的时间能够带给人光明。人的光明是经由人的时间而构成的。人的时间是有积极的意义的。人的时间不仅是构成人的可能性基础的东西，而且是构成人的必然性基础的东西。人的时间是构成人的现实性基础的东西。人的时间是能够指引人的。人在人的时间中是能成其所是的。人的时间在人的世界中在根本上占据着中心的地位。人的时间是与人的特定的阶段联系在一起的。

　　人的世界是根据人的时间得到规定的。人的世界是在人的时间中得到揭示的。人的世界只有基于人的时间，才是其所是。人的时间对于人是有指向性的。因此，人的时间是可利用的。人的认识的可能性和人的实践的可能性是以人的时间为根据的。人的认识和人的实践的可能性只有通过人的时间才能得到说明。人的认识和实践是以人的时间为根基的。只有当人的认识和实践处在人的时间之中时，人的认识和实践才会显现出来。

　　人的光明是被人的时间奠基的。人的时间对于人的光明具有构成作用。人的时间对于人的光明是决定性的。人对于人的光明只有通过人的时间才能理解。事实上，人的光明持续而源本地存在于人的时间之中。人的光明与人的时间是大有关系的。人的光明是以人的时间为根基的。人的时间对于人的光明具有构成作用且能够使人的光明成为实在状态。

人的时间不仅能够使人的认识光明化，而且能够使人的实践光明化。人的时间不仅能够使人的认识处于光明化状态，而且能够使人的实践处于光明化状态。人在人的时间之中并非一无所有，而是能够处于积极的状态之中。人在人的时间之中是能够在人的光明的方向上得到显现的。人的光明在人的时间中是能够显现出来的。

人的时间是能够对人有指引作用的。人的时间不仅能够指引人的认识，而且能够指引人的实践。人的时间对于人的指引具有一种构成的作用。人拥有人的时间就拥有人的时间对于人的指引。看来，人的时间对于人的指引是不可避免的。人的认识和实践只有源出于时间性才是可理解的。人的时间对人具有构成功能。人的时间性是在人的时间中构成的。

人的时间对于人的首要作用是指引。人的时间对于人的首要作用是在指引中构成的。人的时间对于人的指引出现于人的时间对于人的指引关联之中。人的时间是能够对人的整体起指引作用的。人的时间对人的指引是能够显现出来的。人的时间对人是具有指引功能的。人的时间对人是有特别的价值的。人的时间对于人而言确实是重要的东西。

人的时间是与人的时间所意蕴的东西联系在一起的。人的时间是有源本的含义的。人的时间对人而言是必不可少的。人的时间的意义只是通过人才是可能的。人的时间与人是有意义关联的。人的时间对人的指引在根本上就是人的时间与人的意义关联。人的时间在人的发展中不仅能够发挥作用，而且能够发挥大的作用。人的时间在人的发展中不仅能够发挥大的作用，而且能够发挥巨大的作用。

人的时间是能够成就人对于人的时间的意蕴的理解的。人的时间是有所意指的。人的道路是有方向的。不仅人的认识道路是有方向的，而且人的实践道路也是有方向的。不仅人的认识是需要方向的，而且人的实践也是需要方向的。不仅人的认识是有目的的，而且人的实践也是有目的的。人不仅能够在客观的意义上理解人的认识，而且能够在客观的意义上理解人的实践。人能够在客观的意义上理解人的世界。

人的世界是通过人的时间而得到规定的。人的世界在根本上是能够得到揭示的。人的世界在本质上是属于人的时间的。人的世界的意义是由人的时间涵盖的。人在人的时间中是能够揭示人的世界的。人只有处在人的时间中，人的意义才能得到理解。人的意义是植根于人的时间之中的。人的意义是以人的时间为基础的。人对于人的意义的通达是以人对于人的意义的理解为前提的。

人的时间能够对人起决定性作用。人对于人的世界的理解就奠基于人的时间之中。人的世界是依据人的时间而获得规定的。人的世界是通过人的时间而得到理解的。人的世界只有在人的时间的基础上才是有意义的。人是依据人的时间而得到规定的。人是能够在根本上理解人的时间的。人的光明是由人的时间所构成的。人的时间是人的光明的地基。人的光明是与人的时间相联系的。

人的时间对于人而言是可说明的和有待于说明的。人的存在是需要通过人的时间而得到说明的。人的存在是由人的时间所构成的。人的存在的意义是在人的时间中显现出来的。人的时间对于人而言是原本地具有和必定具有意蕴的。人的时间必然总是与人的意义联系在一起的。人的意义是在人的时间这一人所特有的维度中获得的。人的时间是对人的光明加以规定的基础。

人的光明是能够在人的时间中获得充分理解的。人的光明是以人的时间为基础的。人的光明原本地是与人的时间相关联的。人的时间是能够把人的光明标示出来的。人的光明是以人的时间为条件的。人的光明在根本上是以人的时间为指针的。人的光明是与人的时间取向紧密相关的。人的时间是能够规定人的光明的可能性的。人的光明是属于人的时间的。人的时间是人的光明的构成因素。

第五节　时间与温暖

人的时间能够带给人温暖。人的温暖是以人的时间为基础的。人的温暖是通过人的时间而得到规定的。人的温暖是在人的特定的时间状态里可掌握的东西。人的温暖在人的时间之中是有其存在根据的。人的温暖是只有在人的时间之中才能够拥有的。人的温暖是属于人的时间的。人的温暖是以人的时间为根由的。人的温暖是以人的时间为基础而得到规定的。

人的温暖是通过人的时间而源本地得到揭示的。人的时间是可以不断得到利用的东西。人的时间是具有可利用性的。人的时间是同人的温暖相联系的。人的温暖是植根于人的时间之中的。人的时间对于人是具有重要的意义的。人的温暖是在人的时间之中而得到规定的。人的温暖的可能性是以人的时间为根据的。人的时间对人的温暖具有构成作用。人的温暖只能以人的时间为根据才能得到理解。当人们要去理解人的温暖的时候,是需要以人的时间为根据的。

人的温暖是需要在人的时间中得到规定的。人的温暖是能够在人的时间中得到昭示的。人的温暖对人而言是非常重要的。人在人的时间中是能够充分地理解人的温暖的。人的温暖是通过人的时间而得到揭示和理解的。人的温暖是在人的时间中形成的。正是在人的时间中,人的温暖才会出现。人的认识和实践只有在人的时间之中,才会是有成效的。

人的时间是人能够明确意识到的。人的温暖是在人的时间中生成的。人的趋向是以人的时间为根据的。人的趋向在根本上是与人的时间息息相关的。人的趋向是通过人的时间表现出来的。人的时间对于人的趋向起着构成作用。人的趋向是通过人的时间而得到表达的。人的趋向是在人的时间中获得基础的。人的趋向是在人的时间中生成的。

人的温暖在人的时间中是能够得到揭示的。人只有处于人的时间之中,人的温暖在根本上才是可能的。人只有处于人的时间之中,人的温暖才能得到经验。人的温暖是以人的时间为根据的。人的时间总是对人的温暖起构成作用。只有在人的时间的基础上，人的温暖才能在根本上得到理解。只有在人的时间的基础上，人的温暖才能在根本上得到阐明。

人的温暖是与人的时间相联系的。人的温暖是应当在与人的时间的联系中获得理解的。实际上，人的时间具有一种揭示人的温暖的可能性。事实上，人的温暖是通过人的时间而产生的。人的温暖必须根据人的时间方能成为可理解的。人只有处于人的时间之中，人的温暖才能够得到理解。人的温暖是以人的时间为根据的。人的温暖是有源本意义的。

人的温暖从来都是以人的时间为前提条件的。在人的时间中不仅是有人的温暖的可能性的，而且是有人的温暖的必然性的。在人的时间中是有人的温暖的现实性的。在人的时间之中不仅包含把人带入人的温暖之中的可能性，而且包含把人带入人的温暖之中的必然性。在人的时间之中包含把人带入人的温暖之中的现实性。人的温暖是在人的时间中生成的。

人的时间能够为人的温暖奠定基础。人的温暖是必须依据人的时间而才能得到理解的。正是通过人的时间，人的温暖才得以生长起来。人的温暖在本质上是由人的时间所规定的。人的时间能够为人的温暖奠定根基。唯有根据人的时间，人的温暖才会成为可理解的。人的温暖是直接地与人的时间联结在一起的。人的温暖是在人的时间的意义上得到理解的。

人的温暖是以人的时间为根据的。人只有在人的时间中，才具有理解人的温暖的可能性。人的时间对人的温暖起着构成作用。人的时间是有温暖的趋向的。在人的时间中是蕴藏着人的温暖的。人的温暖是借助人的时间而生发出来的。在人的时间中是能够产生出人的温暖的。人的时间是有方向的。人在人的时间中是能够发生变化的。人在人的时间的背景下是能够受到激奋的。

人在人的时间中是有生命的。人在人的时间中是活生生的。人的时间能够对人起积极的作用。人的时间拥有定向和引导作用。人的时间是人的温暖的构成要素。人的时间是能够成就人的温暖的。人的时间在人的认识和实践中是起构成作用的。人的时间不仅决定人的认识，而且决定人的实践。人的时间不仅支配人的认识，而且支配人的实践。人的时间不仅规定人的认识，而且规定人的实践。人的时间不仅对人的认识具有构成作用，而且对人的实践也具有构成作用。

人的温暖是奠基于人的时间之上的。人的时间对于人具有一种特别的重要性。确切地说，人的时间对人而言总是确定的东西。人的时间对人而言是历史性的东西。这样，人的时间就具有历史性的特征。人的时间对人是具有构成作用的。人的时间是能够得到理解的。人的时间对于人的温暖是具有构成性作用的。人的时间是具有积极含义的。人的温暖是与人的时间相联系的。

人的温暖总是在人的时间中得到理解的。人的温暖在根本上是通过人的时间所规定的。人的温暖是以人的时间为前提的。就人的意义而言，人是处在人的世界之中的。只要人在根本上是存在的，人就总是已经寓于人的时间之中了，也就是寓于人的世界之中了。人的时间对于人的温暖是起构成作用的。人的时间是能够把人带向温暖的。人的时间是与人的温暖紧密相关的。

第六节　时间与希望

人的时间能够带给人希望。人的希望是以人的时间为根据的。人的时间对人的希望具有构成作用。人的希望是能够在人的时间中显现出来的。在人的时间中是含有人的希望的。人的希望是由人的时间所规定的。在人的时间中不仅是有可能性的，而且是有必然性的。在人的时间中是有现实性的。人的认识和实践是由人的时间而得到规定的。人的认识和实践在人的时间中是能够得到充分的规定的。人的认识和实践是在人的时间中而得到决定的。

人的希望是必然地要以人的时间为根由的。只要人在人的时间中，那么人的希望就能够得到理解。人的时间是能够对人起积极的作用的。人的眼光是指向人的时间的。人的时间是人能够理解的。人的希望是植根于人的时间之中的。人的希望只有根据人的时间，才能得到理解。人的希望在人的时间中是能够得到规定的。只有当人的时间得到了理解的时候，人的希望方能清楚明白地得到理解。

人的时间对人而言是非常重要的。人是以人的时间为根基的。只要人处在人的时间之中，人就是有希望的。人的希望是与人的时间密不可分的。人的希望在人的时间中是能够显现出来的。正是在人的时间之中，人的整体才会获得理解。正是在人的时间之中，人才会成为其所是。人的希望在人的时间中是能够得到充分的理解的。人的时间对于人的希望是具有构成作用的。

　　人在人的时间中的希望是人所要去争取的。人在人的时间中的希望是有根基的。人在人的时间中的希望在根本上是有意义的。人的希望是由人的时间所规定的。人的时间是制约人的。人的时间是制约人的希望的。人的希望并不是那种来自某个地方的东西，而是植根于人的时间之中的东西。只要人在人的时间之中有希望，人的时间就对人的希望具有构成作用。

　　正是人的时间才给人的希望赋予了一种意义。人的时间包含着实在的可能性。人是要朝向人的时间的。人是属于人的时间的可能性的。人的可能性必须依据人的时间而得到理解。人在人的时间中是有成为可能的东西的。

　　德国哲学家马丁·海德格尔（Martin Heidegger，1889—1976年）在《时间概念史导论》一书中说道："我们从空间上-时间上对其加以规定的自然的运动，并不是一种流逝'在时间中'（就像流逝于一个隧道'之中'那样）的运动，自然的运动本身全然是脱离时间的；只要自然的运动之存在被揭示为纯粹的自然，自然的运动就将仅仅只是在时间'之中'照面（begegnen）。自然的运动在我们本身所是的时间'之中'照面。"[①]

　　只有在人的时间的基础上，人的希望才能得到恰当的理解。人的希望的含义是在人的时间中建立起来的。人的希望在本质上是在人的时间中产生的。人的时间是人的希望产生的根源。人的时间是

　　① 〔德〕马丁·海德格尔：《时间概念史导论》，欧东明译，北京：商务印书馆，2014年，第503页。

能够给予人帮助的。人的时间对人而言具有独特的重要性。人的时间不仅能够为人的认识提供坚实的基础，而且能够为人的实践提供坚实的基础。

人的时间能够呈现人的总体面貌。人的时间能够对人产生广泛而深刻的影响。人只有以人的时间为前提，人的希望才能得到充分的理解。人的希望是在人的时间中得到规定的。人的希望是在人的时间中生发出来的。人的希望只有在人的时间的基础上，才能得到理解。人是要在人的时间的基础上来理解人的希望的。人的希望从本质上是由人的时间规定的。人的希望是以人的时间为其基础的。

人的希望是在人的时间中成长起来的。人的时间包含着人的希望的规定性。人的希望是通过人的时间得到规定的。人的希望在人的时间中是有充分根据的。人在人的时间中的希望是能够显现出来的。人的希望是从人的时间出发的。人的希望是植根于人的时间之中的。人的时间对人是起作用的。人是被人的时间规定的。人在人的时间中是有积极的可能性的。

人在人的时间中是能够得到理解的。人就本质而言是由人的时间来规定的。人只有处在人的时间之中，才有希望收获积极的成果。人的时间能够把人置于光明中。人的时间不仅对人的认识是很重要的，而且对人的实践也是很重要的。人的时间不仅对人的认识的含义具有奠基作用，而且对人的实践的含义也具有奠基作用。对于人的认识和实践来说，人的时间是起组建作用的。

人只有在人的时间中，才能够发挥其可能的功能。人只有在人的时间中，人的认识才能够确立起来，人的实践才能够确立起来。

人的认识和实践是植根于人的时间之中的。从本质上说，人的认识和实践只有处在人的时间之中，才是现实的。人在人的时间中是有所作为的。人在本质上不仅总是有可能性的，而且总是有必然性的。人在本质上总是有现实性的。

人的希望根本是由人的时间来规定的。其实人的时间是构成人的希望的本质部分。人的一切希望都是从人的时间中来的，人的一切希望又都是要到人的时间中去的。其实，人的时间对于人具有相当的重要性。人是受制于人的时间的。人是以人的时间为前提的。人是始终依循人的时间来制订方向的。人是通过人的时间发挥作用的。人是同人的时间紧密相关的。

第七节　小　　结

时间在人的生命中是发挥作用的。人在人的认识和实践中的作用是在人的时间中规定的。人的决定作用是在人的时间中规定的。人的时间对于人是有积极意义的。人在人的时间中是能够有所作为的。人的时间是人的认识和实践之所以可能的条件。人必须依据于人的时间来看待和领会人的认识和人的实践。人的时间对人的认识和实践而言是不可或缺的。

人只有领会了人的时间，才可能洞见人的世界。如果人处在人的时间之中，那么人就经历着人的时间。人对世界的作用是在人的时间中产生出来的。人只有处在人的时间之中，才能找到人的认识的正确出发点，踏上人的认识的道路。人只有处在人的时间之中，才能找到人的实践的正确出发点，踏上人的实践的道路。人只有通过人的时间，人的认识才能变得清晰。人只有通过人的时间，人的实践才能变得清晰。

　　人只有在人的时间中才能是其所是。人的时间是能够对人进行指引的。人的认识和实践是能够在人的时间中显现出来的。人的时间是能够引导人的认识和实践的。人的时间是能够揭示人的认识和实践的。人的时间是能够规定人的认识和实践的。人的时间不仅包含在人的认识状态中，而且包含在人的实践状态中。人只有依据于人的时间，才能从根本上把握人的认识和实践。时间在人类社会中具有重要的作用。在任何地方时间都是人的伴侣。时间是非常宝贵的东西。若无时间，人不仅在认识上会一无所获，而且在实践上也会一无所获。

第六章　时间的意义

人的时间是有实际意义的。人的时间的意义需要人列入考虑之中。人的时间的意义体现在时间与现实、时间与境界、时间与前景之中。

第一节　时间与现实

人的时间能够改变人的现实状况。人的时间与人的现实状况根本上是有关的。人的时间对人而言是非常重要的。人的时间能够带给人希望。人只有经受住时间的洗礼，才能有所成就。人是要为未来的改变做好准备的。正是因为有了时间，人才能奋发图强，才能推动人的发展。时间对于人的生命来说是不可或缺的。人的时间能够带走人的一切。人应该珍惜人的时间。珍惜时间是人的光辉。

人是要与人的时间为伴的。人的时间能够给人指明方向。人的时间是匆匆地过去的。人的时间是有威严的。人要有足够的时间去反思。人的境地不同，人的时间就不同。人要有足够的时间去回首。时光是不能够倒流的。人的时间是十分宝贵的。人的时间能够使人找到正确的方向。人的时间是有意义的。人的时间能够使人到达壮丽的境界。

人的时间是有限的。人需要用自己有限的时间去实现自己的理想。人能够成为自己的时间的支配者。寸金难买寸光阴。人的时间能够证明人在世界上存在的意义。人的时间能够让人体验到人的生命的滋味。人愈是有时间，就愈是要珍惜。人的时间如行云流水滑过，永不停歇。人是要认真对待自己时间的。人的时间不仅是有瞬间的，而且是有片断的。

人的生命是由人的时间构成的。人浪费自己的时间就是浪费自己的生命。人的生命是由人的每一天构成的。人珍惜自己的生命就要珍惜自己的每一天。人的认识和实践是要花费人的时间的。人的生命是需要人的时间的。人的时间不是无限的，而是有限的。人的时间可以让人坚强。人的时间是人的生命的过程。人的时间是人的最好的证明。人的时间是人的最好的判断。

人的时间不仅能够让人认识，而且能够让人实践。人的时间会在人的认识和实践中慢慢流逝。人的时间会在人的生命中慢慢流逝。人的时间是人的整个的世界，是人的全部的希望。人的时间蕴含人的光明的未来，蕴含人的充满了希望的明天。人的时间是人的阶梯。人的时间是深沉而又含蓄的，只有在岁月的流逝中仔细品味，才能体会其中的甘甜与醇厚。

人的生命是在人的时间中度过的。人的认识和实践是在人的时间中进行的。人在人的时间中是有境界的。人在人的时间中不仅是有境界的，而且是有高的境界的。人在人的时间中不仅是有高的境界的，而且是有极高的境界的。人的时间能够使人达到一定的高度。人的时间能够潜移默化地改变人。人的时间是一种强大的力量，可以化渺小为伟大，变平庸为神奇。

人不是没有时间的，而是有时间的。人的时间能够指引人前行。人的时间是人的认识和实践的台阶。人的时间是人的生命的台阶。人不仅有长久的时间，而且有短暂的时间。人要认识到人的时间存在的意义。人的时间能够成为人前进路上的方向。人珍惜自己的时间就是珍惜自己的生命。人的时间都是越过越少，剩下的时间都是越来越重要，都是越来越珍贵。

人应该做一个心里有时间的人。人是能够感受到人的时间的。人的时间是能够给人带来温暖的。人的时间能够化为人认识和实践的力量。人的时间是人的生命的源源不断的动力。人是一定要在人的时间中生活的。人从人的时间中是受益的。人的生命在人的时间中是有美好的样子的。人的时间能够彻底改变人的现实状况。人的时间能够使人找到人生的方向。

人在人的时间中不仅是能够发挥作用的，而且是能够发挥好的作用的。人在人的时间中不仅是能够发挥好的作用的，而且是能够发挥极好的作用的。人的时间是独一无二的。人的时间能够指引人。人的时间能够磨砺人。人在人的时间中一定会有收获。人不仅需要短时间的坚持，而且需要长时间的坚持。人在人的时间中是能够实现人生的价值的。人要经受住人的时间的冲刷。

人的时间能够使人日臻完善、日臻完美。人的时间能够使人处在人生的不同的阶段。人的时间能够让人相信今日胜过昨日，明日会更好。人只要每天进步一点点，就能超越自己。人的时间能够使人相信今日的自己胜过昨日的自己，明天一定会更加美好。人的时间能够使人相信未来胜于今日。人的时间始终指引人生的方向。人的时间能够使人坚持理想。人只要理想在，就能突破一切困难，就能突破一切困境。人是有理想的境界的。

人的时间是人真正需要的。人在人的时间中一定会有所收获。人的时间是稍纵即逝的，因此人要珍惜自己的每一分每一秒。人在人的时间中不仅是有境界的，而且是有高尚的境界的。人在人的时间中不仅是有高尚的境界的，而且是有很高尚的境界的。珍惜时间是人对待人的时间的最好的方法。珍惜时间，不仅是人生的智慧，而且是生活的方法。

人的时间是人的生命的过程。人的时间能够成为人前进的动力。人的时间能够让人的生命绽放出璀璨的光辉，能够让人明白人生的真谛。人的时间是人的台阶。人的时间能够让人体会到人的生命的过程。人的时间能够改变人。人的时间能够使人积极向上，能够使人自我改变，能够使人自我提高，能够使人自我进步。人的时间是美好的。

人的时间是世界赠送给人的厚礼。人的时间是能够积淀的。人在人的时间中是能够克服困难的。人的时间能够使人拥有宝贵的人生财富。人的时间能够使人看到蕴藏于事物深处的美好。人的时间对人而言是不可或缺的。人的时间能够使人找到方向。人的时间是人的生命的不可或缺的部分。

　　人的时间不仅能够证明人的认识，而且能够证明人的实践。人的时间可以时时使人感受到人的生命的美好。人的时间不仅可以时时使人感受到人的认识的美好，而且可以时时使人感受到人的实践的美好。人的时间是能够对人造成影响的。所以，人一定要珍惜人的时间。人一定要考虑人的时间。人的时间能够展现出人的真实状况，能够反映出人的本质。

　　人的时间能够使人变得无比充实。人的时间能够改变人的生命。人的时间能够影响人。人在人的时间中是有美好的境界的。人的时间能够使人有宝贵的人生经历。人的时间是人的最宝贵的财富。人的时间能够使人看到真实的世界。人的时间不仅能够展现人的认识，而且能够展现人的实践。人的时间能够展现人的生命。人的时间不仅能够改变人，而且能够大地改变人。人的时间不仅能够大地改变人，而且能够极大地改变人。

　　人的时间能够展现人的勃勃生机。人的时间可以让人感受到人生之美好。人的时间是组成人的生命的部分。人是能够珍惜生活中的点点滴滴的。人只有珍惜现在，才能把握现在。人在人的时间中是能够提升境界的。人的时间是人真正需要的。人在人的时间中是能够获得幸福快乐的。人在人的时间中是能够做有意义的事情的。人在人的时间中是能够珍惜人的时间的。

　　人的时间是有限的，抓紧时间方为道理。人在人的时间中是能够进入殊胜的境界的。人的时间能够使人对未来充满希冀。人的时间不仅能够使人在认识中感受到乐趣，而且能够使人在实践中感受到乐趣。人的时间不仅能够使人感受到认识的美好，而且能够使人感受到实践的美好。人的时间能够使人感受到人的生命的美好。在人的时间中是存在幸福快乐的。

人在人的时间中是能够找到通往真理的路径的。人的时间似流水，是不可追回的。人虚度时间就是浪费人的生命。人的时间就是人的生命。人的时间是人的幸福的前提。人是要明确自己的时间的意义的。由于人的时间是有限的，因此关键就在于人要智慧地珍惜人的时间，人要智慧地使用人的时间，人要智慧地分配人的时间。人在人的时间中是要明确自己的生活的意义的。

第二节　时间与境界

人的时间能够使人达到崇高的境界。人是要珍惜眼前此刻的。人对人的时间的意义的追求从未停止。人的时间的意义是无比真实的。人的时间不仅是有意义的，而且是有重大的意义的。人是要珍惜当下的。人的时间是真实存在的。人要努力做好当下。人的时间是要失去的，这是不可避免的自然规律。人的时间是从未注定的，是取决于人的态度的。人的时间是完全由人决定的。

人的时间是有完结之时的，因此人要时时懂得珍惜人的时间。人在人的时间中是有内在的潜能的。人深受人的时间的影响。人的时间对人而言是异常珍贵的。人的生命能够在人的时间中显现出来。人的时间占据人的生命的重要的位置。人的时间是极耐人寻味的。人的时间不仅能够对人的认识产生关键性的重要影响，而且能够对人的实践产生关键性的重要影响。

人的时间与人的境界是息息相关的。人与人的时间是有密切的关系的。人的时间是一段一段地过去的。人的时间是具有很大的启发意义的。人的时间在一定程度上能够让人感受到时代的氛围。人的时间与整个时代的趋势是息息相关的。人的时间能够让人跟人所处的时代一起成长。人的时间能够显现人的生命处境。人的时间与人是有关的。人在人的时间中是有丰富的可能性和创造性的。

人在人的时间中是能够发生巨大的变化的。人的时间能够影响人。人都要受到人的时间的影响。人的时间是能够教人怀念的。人的时间是能够令人回味无穷的。人的时间是充满力量的。人只要能够珍惜时间，便是好样的。人的时间是流逝的。人的时间是一条永不回头的河流。人的时间是由过去、现在和未来组成的。人的时间与人是确有关联的。

人在人的时间中，人就永远在路途中。人在人的时间中是能够发现人的时间的美好的。人的时间观是人的生命观。人珍惜自己的时间就是珍惜自己的生命。人浪费自己的时间就是浪费自己的生命。人珍惜别人的时间就是珍惜别人的生命。人浪费别人的的时间就是浪费别人的生命。人珍惜他人的的时间就是珍惜他人的生命。人浪费他人的的时间就是浪费他人的生命。

岁月如梭，人生苦短。人应当努力珍惜有限的时间。人应当努力珍惜有限的生命。人在做事情的时候要有一种只争朝夕的精神。人的生命的时间是有弹性的。人的生命的时间是有相对性的。人的生命的时间与人是紧密相关的。人发生了变化，人的时间的内容也会有所变化。人的时间发生了变化，人的生命的形态也会有潜移默化的改变。

人只有抓紧时间，利用好时间，才能最大限度地彰显人的生命的价值。人的生命都是在人的时间中度过的，人的生命自始至终都被人的时间左右，人所能够做的就是充分利用有限的时间。人在人的时间中，唯有珍惜人的时间，争分夺秒，才能不枉此生。人的时间是人的最好的空间。人的时间能够给人方向。事实上，人的时间对人有非常重要的意义。

人的时间能够使人有无限的可能。人在人的时间中是能够超越自己的。人在人的时间中是能够受益很多的。人是能够体验到人的时间的。人的时间是有意义的，这是事实。人的时间能够给人留下深刻的印象。人的时间不仅能够改变人，而且能够彻底改变人。人的时间是能够指引人的。人的时间是非常有力量的。人的时间能够指明人成长的方向。所以人跟人的时间是息息相关的。

人在人的时间中是能够感受到温暖的时刻的。人在人的时间中是能够感受到人的生命力的。人的时间能够在人的心中留下很深印象。人的时间能够给人光明的指引。人的时间能够向人揭示人的生命的意义。人的时间不仅能够向人揭示人的认识的意义，而且能够向人揭示人的实践的意义。人的时间能够给人指明正确的方向。人的时间能够使人正确地理解人的时间的含义。

人的时间能够让人树立正确的态度。人的时间对于人而言是很珍贵的。人的时间对人是有帮助的。人的时间能够使人的内心足够强大。人的时间对人是至关重要的。人的时间具有直击人心的力量。人的时间跟人的环境有很大的关系。人的时间一直在人的生命里，每时每刻都未曾离开。人的时间不仅能够让人找到人的认识的真正的道路，而且能够让人找到人的实践的真正的道路。

人的时间不仅能够使人有明确的目标，而且能够使人有很明确的目标。人的时间能够让人明白人生活的意义。人的时间跟人有不可分割的缘分。人的时间能够让人有方向。人的时间不是毫无意义的，而是有意义的。人的时间是能够有益于人的。人的时间是能够提高人的能力的。人的时间能够使人深入和全面了解事物的本质。人的时间能够让人看清事物的本来的面貌。

美国历史学家斯塔夫里阿诺斯（L. S. Stavrianos，1913—2004年）在《全球通史：从史前史到21世纪》（第7版修订版）一书中说道：

> 人类，只有人类，能创造自己想要的环境，即今日所谓的文化。其原因在于，对于同此时此地的现实相分离的事物和概念，只有人类能予以想象或表示。只有人类会笑；只有人类知道自己会死去。也只有人类极想认识宇宙及其起源，极想了解自己在宇宙中的位置和将来的处境。

> 由于人类具备独特的、彻底变革环境的能力，所以人类不用经过生理上的突变便能很好地应对周围的环境。生活在北极离不开毛皮，生活在沙漠必须有水源，生活在水中要靠鳍；所有这些，通过人类创造的文化，也就是经过新的非生物学的途

径，都能得到解决。具体地说，人类文化包括工具、衣服、装饰品、制度、语言、艺术形式、宗教信仰和习俗。所有这一切使人类能适应自然环境和人类相互间的关系。……

当人类运用其超凡的大脑去改变其所处的环境以适应其基因，而不是像过去那样任由环境改变生物的基因的时候，他就已经远远超出地球上的其他物种了。这也解释了为何人类当年在非洲大草原刚刚起源时毫不起眼，而今天竟成了地球上居统治地位的物种。但是这也引发了一系列疑问：为什么人类现在显得不能控制自己创造出来的环境？为什么人类日渐觉得自己创造的环境正在变得越来越不适合居住？

答案似乎在于基因进化与文化进化的根本差别。基因进化通过基因突变起作用。如果一个物种的基因突变符合自然选择的要求，它就会在生命史中短短几千年里成为地球上占统治地位的物种。其实这种进化模式也就是人类由更新世灵长类动物一直进化到智人所经由的道路。

与此相对应的则是，文化进化通过引入新工具、新思想或新制度能够（并且已经）在几乎一夜之间就改变了整个社会。只要看看蒸汽机是如何在 19 世纪时改变了整个世界，看看内燃机在 20 世纪中是如何发挥其功用，再看看今天的核能和计算机又是如何使我们的环境大为变样，你就不难理解爱因斯坦为何要警告我们：人类现在面临的要么是新的"思维方式"，要么是"空前的灾难"。

关键问题似乎在于，在技术变革和使之成为必需的社会变革之间，存在一个时间差。造成这个时间差的原因在于：技术变革能提高生产率和生活水平，所以很受欢迎，且很快便被采用；而社会变革则由于要求人类进行自我评估和自我调整，通常会让人感到受威逼和不舒服，因而也就易遭到抵制。这就解释了当今社会的一个悖论：虽然人类正在获得越来越多的知识，变得越来越能依照自己的意愿去改造环境，但却不能使自己所处的环境变得更适合于居住。简言之，人类作为一个种群所面临的问题是，如何使自身不断增长的知识与如何运用这些知识的智慧保持平衡。……学会如何平衡知识和智慧正成为一个非常紧迫的问题，以致正如爱因斯坦所警告的那样，人类作为一个种群的未来取决于这种平衡的结果。

我们将会看到这一平衡问题已在整个人类历史上反复出现，并在今天由于我们的智慧无法赶上人类日益增长的知识而出现得更为频繁、更为急迫。①

人的时间是能够给人带来发展的可能性的。人的时间不仅是能够给人带来发展的有限的可能性的，而且是能够给人带来发展的无限的可能性的。人的时间不仅是与发展的有限的可能性紧密相关的，而且是与发展的无限的可能性紧密相关的。人的时间是与发展的可能性紧密相关的。

---

① 〔美〕斯塔夫里阿诺斯：《全球通史：从史前史到21世纪》（第7版修订版）（上册），吴象婴、梁赤民、董书慧，等译，北京：北京大学出版社，2006年，第6—7页。

第三节 时间与前景

人的时间能够决定人的前景。人的时间能够让人理解人所处的情况。人的时间对人而言是异常重要的。在人的时间中，人的认识和实践非常关键。人的时间对人的认识和实践一定是有益处的。人的时间对于人的生命来说是非常重要的。人的时间能够使人发生变化。人的时间能够给人指明方向。人的时间对人是有帮助的。人的时间是有真实的含义的。

人的时间能够使人发生改变。人的时间有多少，人的世界就有多大。人的时间对人而言是不可或缺的。人的时间时时刻刻能够影响人。人的时间是有力量的。人的时间是有价值的。人在人的时间中能够留下珍贵的印记。人的时间对人而言是很重要的。人的时间能够让人看到希望。人的时间能够让人看到生机。人的时间能够让人看到人的认识和实践的最根本和直接的道路。

人的时间能够让人有很深的感受。人从人的时间中是能够受益的。人的时间是能够给人带来快乐的。人的时间是能够给人带来力量的。人都会遇到人的时间。人能够进入人的时间的情境中。人的生命开始之际，人的时间就来临了。人的时间是人可以真正把握的东西。人的时间不仅能够为人的认识奠基，而且能够为人的实践奠基。人的时间能够为人的生命奠基。人的时间能够为人奠基。

人的时间与人之间有一种独特的因而也是非同寻常的关系。人的时间是至关重要的。对人而言，人必须要知道人的时间是由一个阶段一个阶段组成的。人的时间的每一个阶段都有其特有的法则。可以说，人的时间的每一个阶段都有其特有的规律。指出这一点，对于弄清人的时间的当下以及未来的状况，十分重要。人对于人的时间是有期望的。这种期望的情况大多是以肯定的形式表现出来的。

人的时间能够直接地为人提供力量。人的时间能够直接地对人产生影响。因此，人是有时间点的。人的时间是有功用意义的。人的时间能够为人创造基础。这是人的时间的真正功用。人对于人的时间是有经验的。人可以按照日常生活的标准来评判人的时间。人在人的时间中是有领域的。人的时间对于人而言是具有决定性意义的。人是从人的时间开端的。

人的时间是一个有关人的领域。人应该在人的意义下来理解人的时间。人的时间对人是起规定性作用的。人的时间对人是有确定的意义的。人在人的时间中是有活力的。人以人的时间为前提。人的时间是有基本规则的。人的认识和实践都是建立在人的时间的基础上的。事实就是如此。从根本上说，人的生命是建立在人的时间的基础上的。人的时间不仅可以在人的认识中被指示出来，而且可以在人的实践中被指示出来。人的时间可以在人的生命中被指示出来。

人的时间是有本质性的意义的。人的时间是有可能性的。人的认识和实践是能够在人的时间中展开的。人的生命是能够在人的时间中展开的。人是能够在人的时间中发生改变的。人的时间在意义方面是有重要性的。人对人的时间的意义是不断地体会到的。人的时间对人是有帮助的。人的时间是有其样子的。人的时间是其所是的以及其如何是的。人的时间是以各个不同的方式存在着的。

　　人的时间其实不仅能够表现人的认识，而且能够表现人的实践。人的时间其实能够表现人的生命。人的时间确实是存在的。人的时间最终完全就是人的时间的意义。于是，人的时间最后是一个有意义的词汇。人的时间能够从根基上支撑并规定人。人的时间确实是有用途的。人是处在人的时间的境地的。人的时间是作为人的历史存在的。人的时间与人的历史是相关的。人的历史是在人的时间中生成的。

　　人的时间是能够表现出其真理性的。人的时间是能够规定人的历史整体性的。人在人的时间中是能够做力所能及的事情的。人在人的时间中不仅能够体验人的时间，而且能够体验人的历史。所以，人与人的时间的关联是一种源始的历史性关联。人对于人的时间的理解乃是彻头彻尾的历史性的。人的时间是能够从人的历史中来得到规定的。人的时间对人而言是历史性的。

　　人的世界总是人的时间性的世界。人的时间对于人的整体是有决定性的意义的。人的认识和实践只有通过人的时间，才能获得意义。人的生命只有通过人的时间，才能获得意义。人的时间对人的认识和实践来说是不可或缺的东西。人的时间对人的生命来说是不可或缺的东西。人的时间对人来说是不可或缺的东西。人只有理解人的时间，才能理解人的时间和人的关联的全部意义。

　　人的时间不仅对人的认识起奠基性作用，而且对人的实践起奠基性作用。人的时间对人的生命起奠基性作用。人的时间对人起奠基性作用。人在人的时间中不仅能够把握人的认识，而且能够把握人的实践。人的时间归根到底是能够为人显现人的生命的意义的。人的时间是能够对人进行本质规定的。人的时间在人的整个生命中都有一种显著的意义。

人的时间是有确定的含义的。人的时间是以人的认识和实践为依据的。人在人的时间中的处境是现实的。人具有可规定性。人的时间具有规定力量。人的时间不是空洞的，而是意义满满的。人从人的时间中是能够得到可靠的指示的。人的时间对人而言是独一无二的。人的时间对人而言是决定性的。人的时间对人而言总是人的历史的时间。人的时间是存在人的历史的意义的。

马丁·海德格尔在《形而上学导论》一书中说道："也确实曾有过一个时期，人并不存在。但严格讲来，我们不能说有过一段人在其中不曾存在的时间。人曾经、现在而且将在任一时间中存在，因为时间只在人存在的情况下才成之为时间的。绝没有一种人从不曾在其中的时间，所以如此，并不因为人从恒久而来，又往永恒而去，而是因为时间不恒久，时间总只是在作为人的历史亲在的某个时间中才成之为时间。"[1]

人的时间是隶属于人的。人的时间是由人来规定的。人的时间必然地在人的领会中显现。人的时间与人的意义始终紧密相连，这具有独特性。人的时间的含义具有丰富多样性。人的时间是有确定性的。人的时间是有必然性的。人是能够领会人的时间的。人的时间是人的可能性的根据。人的时间能够帮助人达到对人的认识和实

---

[1] 〔德〕马丁·海德格尔：《形而上学导论》，王庆节译，北京：商务印书馆，2017年，第100页。

践的领会。人的时间能够帮助人达到对人的生命的领会。人的时间
能够帮助人达到对人的意义的领会。

人的时间能够使人成为其所是。人的时间乃是人的认识和实践
的基本条件，同时也是人的认识和实践的根基。人的时间乃是人的
生命的基本条件，同时也是人的生命的根基。人的时间乃是人的意
义的基本条件，同时也是人的意义的根基。人必然地隶属于人的时
间。人的认识和实践必然地隶属于人的时间。人的生命必然地隶属
于人的时间。人的意义必然地隶属于人的时间。

人的时间和人休戚相关，而且作为休戚相关者，人的时间和人
总是相依相靠的。人是可以在人的时间中得到理解的。这样看来，
人是可以得到理解的。事实上，人在人的时间的过程中有权威性的
主宰地位。人的时间在人的认识和实践中必定在本质中有其根据。
人的时间在人的生命中必定在本质中有其根据。人的时间在人的意
义中必定在本质中有其根据。

人在人的时间中是能够遇到变化的。人的时间能够为人奠立基
础。人的时间能够给人指引。事实上，人在人的时间中是能够遇到
指引的。人在人的时间中是能够得到指点的。人在人的时间中是有
基本走向的。人的时间支撑人的世界的基本走向。人在人的时间中
是能够历史性地建设人的世界的。人的时间与人的世界是内在关联
的。人的时间是有真正的含义的。

人在人的时间中是有可能性的。正因如此，人归属于人的时
间。人的意义从本质上隶属于人的时间的真理。所以人不是随意地
展示自身。人在人的时间中不仅是有境界的，而且是有前景的。人

是应当领会人的时间的基本含义的。人是处在与人的时间休戚相关之中的。人的时间与人之间有本质性的相互隶属关系。人的时间是人的立足点。人是站在人的时间的立足点上的。人的时间与人是同一的。人对于人的时间的意义是能够有源始的洞见的。

马丁·海德格尔在《存在与时间》一书中谈到将来时说道："在历数诸绽出的时候，我们总是首先提到将来。这就是要提示：将来在源始而本真的时间性的绽出的统一性中拥有优先地位，虽则时间性不是通过诸绽出的积累与嬗递才发生的，而是向来就在诸绽出的同等的源始性中到时的。但是在这种同等的源始性中，到时的诸样式复又有别。差别在于：到时可以首要地借不同的绽出来规定自身。源始而本真的时间性是从本真的将来到时的，其情况是：源始的时间性曾在将来而最先唤醒当前。源始而本真的时间性的首要现象是将来。"①时间性的到时就是时间。在马丁·海德格尔看来，尽管过去、现在、将来是统一到时的，但将来具有优先地位。将来先行到时，现在立于将来，过去立于现在。将来具有至上的意义。

第四节　小　结

"时间"一词在人那里有独特的意义。如此说来，时间是有意义的。所以，时间不仅是有目标的，而且是有本质规定性的。人的

① 〔德〕马丁·海德格尔：《存在与时间》（中文修订第二版），陈嘉映、王庆节译，北京：商务印书馆，2016年，第448—449页。

时间的意义与现实、境界、前景有密不可分的关系。人的时间的意义是非凡的。人的时间令人印象深刻。人的时间对人有深远而重大的意义。人的时间能够让人如其所是地存在。人的时间不仅能够让人如其所是地生存，而且能够让人如其所是地发展。

只有在理解了人的时间的基础上，才可能理解人。只有在理解了人的时间的意义的基础上，才可能理解人的意义。人的时间包含与人的关联。人的时间的意义包含与人的意义的关联。人的时间本质上是可理解的。人的时间的意义本质上是可理解的。人是在人的时间之中得到指引的。人是能够让自己由人的时间加以指引的。人是能够赋予人的时间以意义的。

人是在人的时间中使自己对人的时间的意义有所领会的。人在人的时间中恰是如其所是地存在的。人在人的时间中不仅恰是如其所是地生存的，而且恰是如其所是地发展的。人们把人的时间的意义称为人的时间的意蕴。人的时间不仅能够构成人的生存的结构的东西，而且能够构成人的发展的结构的东西。因此，人的时间能够构成人的世界的结构的东西，能够构成人之为人的结构的东西。人的时间的意义是有所定向的。唯当人的时间存在，对人的时间的意义的追问才是可能的。

马丁·海德格尔在1962年发表的演讲《时间与存在》中说道："有什么理由让我们把时间与存在放在一起加以命名呢？从早期的西方-欧洲思想直到今天，存在所指的都是在场。从在场、在场状态中道出了当前。按照流行的观点，当前与过去和将来一起构成了时间的特征。存在通过时间而被规定为在场状态。这样一种情况可能已经足以把一种持续不断的骚动带进思想中了。一旦我们开始深思在何种意义上有这种通过时间的对存在的规定，则这种骚动就会增强。"①一切存在总是在在场的意义上被理解的，而在场又总是时间意义上的，因此存在向来是由时间所规定了的。如果时间问题未予深究，那么存在问题就会被掩蔽在晦暗之中。

时间到底是什么呢？每个人好像都知道，但似乎又都无法说清楚。人是能够为克服不利的处境想出办法的。只有在时间中，人才能是真正的人。人完全是隶属于时间的领域的。人是有自知之明的，每个人比任何人都更了解自己。人类的历史是人类进步的历史。人选择什么样的时间就是选择成为什么样的人。

---

① 〔德〕马丁·海德格尔：《面向思的事情》，陈小文、孙周兴译，北京：商务印书馆，2014年，第5页。

第三编

时间办什么

未知生，焉知死？

——（春秋）孔子《论语·先进篇》

第七章　时间的宏观机制

　　人的时间是受历史规律制约的。人的时间是具有社会历史性的。人的时间不仅依赖于现有的社会生产力，而且受社会生产关系的制约。人的时间不仅受经济基础的制约，而且受上层建筑的制约。从宏观上说，即从根本上说，人们怎样才能充分利用时间呢？人们怎样才能为充分利用时间创造条件呢？人们对于时间的宏观机制是需要正确理解的。

　　人的时间与人的成长经历是密不可分的。社会为人的时间规定着条件。人的时间都直接或间接地依赖于社会结构。人的时间脱离了社会语境就无法得到充分理解。人的时间是有根源的。人的时间是离不开社会环境的。所谓社会环境是指人类生存及活动范围内的社会物质、精神条件的总和。广义上包括整个社会经济文化体系，狭义仅指人类生活的直接环境。在这里我们谈的是广义上的社会环境，也就是我们所处的社会政治环境、经济环境、法制环境、科技环境、文化环境等宏观因素。社会环境对人的时间起重要作用，同时人的时间对社会环境产生深刻的影响。社会环境对人的时间起重要作用，而人类在适应改造社会环境的过程中也在不断变化和发展。

第一节　生产力与时间

人的时间是建立在生产关系的基础之上的。有什么样的生产关系，就有什么样的时间。而生产关系又是建立在生产力的基础之上的。有什么样的生产力，就有什么样的生产关系。

一、生产力的涵义

生产力亦称社会生产力。生产力是人们利用自然、改造自然的能力。生产力表示人们在生产过程中与自然界的关系。生产力和生产关系是社会生产不可分割的两个方面。生产力要素包括：第一，具有一定科学技术知识、生产经验和劳动技能的劳动者；第二，同一定的科学技术相结合的、以生产工具为主的劳动资料；第三，劳动对象。劳动对象和劳动资料合称生产资料。由于只有劳动者才能制造和改进生产工具，掌握和使用生产资料，因此劳动者是生产力的首要的能动的要素。生产工具是生产力发展水平的物质标志。科学技术越来越广泛地运用于工农业生产，通过对生产力各个要素的作用，促进或决定生产力的发展。从这一意义上说，科学技术是第一生产力。生产力是社会生产中最活跃、最革命的因素，在社会生产发展过程中起主要的决定的作用。生产关系一定要适合生产力性质的规律，是人类社会发展的基本规律。

二、生产力与时间的关系

生产力为人的时间规定条件。生产力是人的时间的决定性的因素。人是有时间的方向和前进的途径的。人的时间是能够达到极高的境界的。人的时间实际上能够促进生产力的发展。人的时间是生产力发展的强大的动力。人的时间是能够引导生产力的发展的。人的时间的价值是能够得到充分的尊重的。人的时间对生产力的发展能够起到决定性的作用。

第二节　生产关系与时间

人的时间是具有必然的趋向的。生产关系在人的时间中是发挥至关重要的作用的。

一、生产关系的涵义

生产关系亦称社会生产关系。生产关系是人们在物质资料生产过程中相互结成的社会关系。为了进行生产，人们便发生一定的、必然的、不以他们的意志为转移的联系和关系；只有在这些社会联系和社会关系的范围内，才会有他们对自然界的关系，才会有生产。生产关系和生产力是社会生产不可分割的两个方面。一定的生产关系是在一定的生产力的基础上产生的，反过来又促进或阻碍生产力的发展。生产关系是一种物质利益关系，是一切社会关系中最基本的关系，政治、文化等其他方面的社会关系，都是在生产关系的基础上产生和建立起来的。生产关系的总和构成社会的经济基础。生产关系的内容包括人们在物质资料的生产、分配、交换、消费诸过程中的关系。生产关系体现在生产、分配、交换和消费四个环节之中。恩格斯在《反杜林论（欧根·杜林先生在科学中实行的变革）》这部著作中把生产关系概括为"人类各种社会进行生产和交换并相应地进行产品分配的条件和形式"①。斯大林在 1952 年 2—9 月就苏联 1951 年 11 月经济问题讨论会的有关问题而写的著作《苏联社会主义经济问题》中把生产关系的具体内容概括为三个方面：第一，生产资料所有制形式；第二，各种不同社会集团在生产中的地位和相互关系；第三，产品分配形式。斯大林说道，人们的生产关系，即经济关系。这里包括：（一）生产资料的所有制形式；（二）由此产生的各种社会集团在生产中的地位以及他们的相互关系，或如马克思所说的，'互相交换其活动'②；（三）完全以它们为转移的产品分配形式。③生产关系的三个方面相互联系，相互作用，形成有机整体。其中，生产资料所有制形式起决定作用，是生产关系的最基本的方面，是全部生产关系的基础，决定生产关系的性质，决定生产关系中其他两个方面。生产关系的后两个方面又反过来影响生产资料所有制形式。

---

① 《马克思恩格斯选集》第 3 卷，北京：人民出版社，2012 年，第 528 页。
② 《马克思恩格斯选集》第 1 卷，北京：人民出版社，2012 年，第 340 页。
③ 《斯大林选集》下卷，北京：人民出版社，1979 年，第 594 页。

　　根据生产资料的所有制形式，可以从总体上把生产关系划分为两种基本类型：第一，以生产资料公有制为基础的生产关系，包括原始公社的生产关系，社会主义的生产关系和共产主义的生产关系；第二，以生产资料私有制为基础的生产关系，包括奴隶制生产关系、封建制生产关系、资本主义生产关系。除两种基本的生产关系类型之外，在新旧社会形态交替时期，常出现过渡性的生产关系，如原始社会向奴隶社会过渡时期的氏族制残余和奴隶制萌芽相结合的家庭奴隶制；奴隶社会向封建社会过渡时期的奴隶制残余和封建制相结合的隶农制；资本主义向社会主义过渡时期的国家资本主义生产关系等。历史上长期存在的个体劳动者私有制的生产关系，一般都从属于该社会中占统治地位的生产关系，并受其支配。

　　生产关系与生产力是不可分割的统一体。生产力和生产关系的统一构成社会生产方式。在生产方式中，生产力决定生产关系，一定的生产关系的产生、发展与变革都是由生产力决定的。生产关系对生产力具有能动的反作用。当生产关系适合生产力的性质和发展要求时，生产关系会促进生产力的发展，成为生产力发展的有效形式；当生产关系不适合生产力的性质和发展要求时，生产关系会阻碍甚至破坏生产力的发展，成为生产力发展的桎梏。

二、生产关系与时间的关系

　　生产关系为人的时间规定条件。生产关系对于人的时间具有非常重要的作用。生产关系与时间有极其亲密的关系，且这种亲密关系能够为人所感觉到。生产力决定生产关系。生产力的性质、发展水平及发展要求决定生产资料所有制关系，决定人们在生产过程中的地位和作用，决定人们对产品的分配关系。另外，生产力的发展和变化决定生产关系的发展和变化。生产力是生产方式中最活跃最革命的因素，生产力处在不断运动、变化和发展的过程中。生产关系对生产力具有反作用。社会的基本动力在于生产力与生产关系。生产力与生产关系的原理，对于人利用时间奠定了理论基石。

第三节 观念与时间

人的时间是依赖于观念的。人的时间的变化是依赖于观念的变化的。人的时间的发展是依赖于观念的发展的。

一、观念的涵义

观念是客观事物在人脑里留下的概括的形象。观念是对客观现实的反映形式，是客观存在的主观映像。观念是思维活动的结果。观念属于理性认识。人们的社会存在决定人们的观念。观念具有相对独立性，对社会存在具有反作用，对社会发展起促进或阻碍作用。观念作为人对客观世界事物、现象、过程和规律的积极能动的反映，能够发挥认识客观世界和改造客观世界的作用。正确的观念一旦为群众掌握，就会变成巨大的物质力量。实践是检验观念是否正确的唯一标准。观念具有社会性、历史性。

二、观念与时间的关系

观念为人的时间规定条件。人的时间不仅是提高人的物质生活水平的力量，而且是提高人的精神生活水平的力量。人的观念与人的时间是有关的。人的头脑中是装满观念的。人的时间发生大变化的时候，人的观念势必逐渐发生相应的变化。如果人能够利用时间，就能够理解人利用时间的深刻的观念。人在利用时间的时候是有观念的。人的时间是有庄严的意义的。人在利用时间的时候是有伟大的观念的。人的时间是人的一股特殊的力量。

人的时间能够对人的观念产生深远影响，人的观念也能够对人的时间产生深远影响。人的观念是能够在人的时间中完成的。人的时间能够深深影响人的观念。人的时间能够对人产生深远的影响。人的时间能够唤醒人内心深处的观念。人在利用时间的时候是满怀观念的。人是要饱受人的时间的考验的。人的观念是要饱受人的时间的考验的。人只有通过非常努力地思考，才能形成新观念。

人的时间能够给人带来美好的观念。人的时间能够给人带来美好的日子。人的时间能够给人带来美好的时刻。人的时间可以使人彻底转变观念。人的时间是由人的观念而形成的。人的观念能够催生人的时间，人的时间也能够反过来刺激人的观念。

观念是人的认识活动，观念来自客观世界，又指导人的实践，作用于客观世界。在不同的时间观支配下，就有不同的时间实践，以及对于时间现象的不同认识。

第四节 小 结

　　人的时间是通过什么能够是其所是的呢？人的时间是通过什么能够成为其所是的呢？人的时间不仅是有内在的可能性的，而且是有内在的必然性的。

　　马克思和恩格斯在《共产党宣言》一书中谈到共产主义革命时说道："共产主义革命就是同传统的所有制关系实行最彻底的决裂；毫不奇怪，它在自己的发展进程中要同传统的观念实行最彻底的决裂。"①马克思和恩格斯说的"同传统的所有制关系实行最彻底的决裂"，就是指实现制度的摆正。马克思和恩格斯说的"同传统的观念实行最彻底的决裂"，就是指实现观念的摆正。

　　人们一方面必须同私有制实行最彻底的决裂，从私有制中解脱出来，建立公有制；另一方面，也必须同时同私有制的观念实行最彻底的决裂，从私有制的观念中解脱出来，树立公有制的观念，实现观念的更新。只有这样，才能实现人的努力与社会的互动：人的努力促进社会的进步；社会的进步又反过来促进人的努力。

　　马克思和恩格斯主张的两个决裂，必须同时进行。只重视前一个决裂而忽视后一个决裂，是不够的。只重视后一个决裂而忽视前一个决裂，也是不够的。只有两个决裂同时摆正了，人们才能充分利用时间，才能为充分利用时间创造良好的宏观条件。

---

　　① 《马克思恩格斯选集》第1卷，北京：人民出版社，2012年，第421页。

　　人的时间不仅能够展示人的生存的本质，而且能够展示人的发展的本质。人的时间拥有无与伦比的特殊魅力。人在利用时间的时候，是会遇到外部力量的，是会显得非常天真的。人在利用时间的时候，是会看到社会的。人的时间一定会有深刻、宏大的社会历史原因。自然，由于许多特殊的社会历史原因，人利用时间并没有如人所料想的那样顺利地发展。人利用时间的整个状态是相当自然的。当然，毫无疑问，在某种程度上，人利用时间是社会发展的主要原因。人利用时间的社会是人利用时间的背景。人利用时间是能够被社会所接受的。

　　社会对人的时间能够产生直接的影响。人的时间明显要受社会的影响。人的时间是处于社会生活环境中的。人的时间是能够表现出社会的性格和特质的。人的时间能够展示出人的活生生的生活。人利用时间是社会发展的坚实动力。人的时间能够影响社会的发展进程。人利用时间能够使整个社会呈现出一派蒸蒸日上的繁荣气象。人的时间不仅对社会有影响，而且对社会有大的影响。人的时间不仅对社会有大的影响，而且对社会有巨大的影响。人的时间对社会能够产生直接的影响。人的时间是有深远的影响力的。

　　人的时间与社会是有密切联系的。人的时间不仅能够介入社会，而且能够表达社会。人的时间与社会环境是相互影响和相互作用的。因此，人的时间是与社会环境联系在一起的。人的时间是能够显现人所处的社会环境的。人的时间与社会的发展是有关的。人的时间与社会的因素是有关的。人的时间能够反映社会的发展与社会的变革。人的时间必须适应社会的环境，满足社会的要求。

人要利用时间，就需要认识产生利用时间的社会环境。人的时间是能够显现社会情况的。人是要关心现实生活的。人是有真切的感觉的。社会的繁荣能够给人带来精神的解放。可见，人的全面利用时间不是个别的偶然的产物，而是一个社会全面发展的结果。人的时间的特色是由社会生活决定的。人利用时间只有反映现实社会生活，才能达到完全明确而丰满的境界。

人只有利用时间，人的社会生活才能变得日益繁荣。人的时间能够展示人的伟大成就。人的时间是有道理的。人的时间不仅能够使人全面地了解人的物质世界究竟是什么样子的，而且能够使人全面地了解人的精神世界究竟是什么样子的。人的时间会根据人所处的社会环境而发生改变。人的时间能够给人留下很多珍贵的东西。人的时间不仅是为了过去的，而且是为了现在和未来的。

人利用时间的结果是人背后复杂的个人原因和时代情境所造成的结果。人的时间能够显现人的现实的社会生活。人利用时间不仅能够使人关心社会，而且能够使人十分关心社会。人的时间不仅能够使社会发生变化，而且能够使社会发生重大变化。人的时间比较突出地体现社会的特质。这样一来，增进对人的时间的理解，也会使人的时间显露出本来的光芒。

人的时间是能够显现社会背景的。人利用时间不仅能够将人引向一个认识的世界，而且能够将人引向一个实践的世界。人在利用时间中是可以理解社会结构的。人在利用时间中是可以理解社会发展状况的。人在利用时间中是可以了解当时社会状况的。人的时间实际上是能够推动社会的发展的。人利用时间能够使社会取得惊人的发展。人利用时间是能够被社会普遍接受的。人通过时间，可以理解社会的内部结构。

　　人的时间对社会的贡献功不可没。人利用时间不仅能够大大拓展社会发展的可能性，而且能够大大拓展社会发展的必然性。人利用时间能够大大拓展社会发展的现实性。人的时间是有光明的方向的。人的时间在人的历史上占有举足轻重的地位。人的时间能够对社会现实产生深刻的影响。人的时间能够反映当时的社会状况。人的时间是在社会环境中产生的。人的时间是具有社会意义的。人的时间能够反映社会现实。人的时间是有实际社会作用的。人的时间是有实际社会威力的。

第八章　时间的微观机制

对于时间，不同的人会有不同的反映，不同时代、不同民族的人会有不同的理解，即或是同一个人在不同的年龄阶段也会产生不同的看法。这种情况，用哲学的语言说就是：人对时间的认识具有主体性。人对时间的认识何以具有主体性？原因非常复杂，从主体方面说，则是由于人在观察、认识时间时，主体不是"白板"。人总是带着一定的知识、情感、愿望、意志等去观察和理解时间的，并且作为认识结果的"反映"，都不可避免地受到人的主体状态、社会文化的影响。本章仅就主体自身的特性、状态在时间中的作用，亦可称之为时间的微观机制，作揭示。

第一节　时间与方向

由于人的时间有一个特定的方向，因此自古以来，人们都用流水比喻人的时间。在现实世界中，人们只能随着人的时间前行，去往未来而无法返回过去。这就是说，人的时间是有方向性的。自古以来，人的时间的方向性问题就引起了人们的思考。既然如此，人们就要探讨人的时间之谜，就要探讨人的时间观。人的时间能够为人指明方向。人必须探究人的时间。人探究人的时间的任务必然是无止境的。因此，问题的关键不仅在于人是否会生存，更重要的问题在于人能否避免在陷入徒费时光的状态中生存。人之所以能够兴起，是因为人能够利用好人的时间。人只要能够利用好人的时间，就会得到无限丰富的生活。

人只要能够利用人的时间，就会向各个方向探索。人是需要外部的刺激来推动人的热情活力的。人超群出众的方面是对人的时间的方向的理解。人只有在人的时间中才是出类拔萃的。人只有在人的时间的方向中才能创造出完美的成果。对一个真正利用人的时间之人而言，人的时间就成为最重要的人世财富。人就在人的时间中，也只有在人的时间中，去领会生活意义和无限性。如果没有人的时间，那么，人就不能够感到舒适。用人的词典来解释，人利用人的时间就是人生，人利用好人的时间就是美好的人生。

正是人的时间，给予了人前所未有的威力。于是人让人的时间占有自己。人是能够完全被人的时间占有的。人是能够用天性的热情来利用好人的时间的。人对于人的时间的回忆是能够使人清醒起来的。所以人只能在天性中对人的时间进行回忆。时间的方向意义对于指导人们在经验层面上展开人的时间研究，是极具意义的。中国春秋时期思想家、道家的创始人老子在《道德经》中言："人法地，地法天，天法道，道法自然。"① 人是要重视时间的方向意义的。人不可能离开时间而存在。人的时间是人的必要而强大的组成部分。所以，人是通过人的时间得到描述的。人的时间具有定向的性质。人是由人的时间引导的。人的时间的定向性是本质性的。人们是依循人的时间来制订方向的。

时间具有方向意义。时间的方向意义具有本质特征，具有本质规定。人们必须从本质上来理解时间的方向意义。总的说来，时间的方向意义原理深刻地体现了唯物辩证法和历史唯物主义的有机统一。第一，时间的方向意义显现了时间与人的辩证关系。人们只有立足唯物辩证法，才能理解时间的方向意义的科学性和深刻性，才能与各种各样的非马克思主义者时间观区别开来。第二，时间的方向意义显现了时间与人的客观关系。人们只有从历史唯物主义出发，才能理解时间的方向意义的革命性和实践性特点，才能与注重意识形态解构的后现代学者时间观区别开来。第三，时间的方向意义既有普遍性，又有特殊性。时间的方向意义的基本原理必须坚持，又要善于从实际出发，根据不同的情况灵活运用。从某种意义上说，在时间的方向意义视域中，时间性是一项未完成的事业。研究时间的方向意义，可以帮助人们深刻理解时间观的理论品质。深刻认识和理解时间的方向意义，具有重大的理论价值和实践意义。因此，人们不仅要唯物地理解时间的方向意义，而且要辩证地理解时间的方向意义。这才是对时间的方向意义的正确态度，而且是对

---

① （春秋）老子：《道德经》第二十五章。

时间的方向意义的唯一正确态度。

第二节　时间与文明

人能够给自己讲述自己的时间。人的时间完全是实实在在的。人利用人的时间是能够取得成就的。因此，人的时间是人的时代。人总是竭力与浪费时间划清界限。人在利用时间方面是出类拔萃的。人把时间若用到认识活动和实践活动方面，那么，都会取得足以令人赞叹的成就。人都不希望自己一事无成。人的时间使得人显得高贵。人在人的时间中是能够感觉到自己生存的乐趣和自己发展的乐趣的。

人利用人的时间有悠久的历史。一部文明史，在一定的意义上也可以概括为对人的时间利用的历史。人的时间是人的良师，是人的益友。人的时间对于人而言是必不可少的。人的时间具有无限的可能性。人能够让人的时间发挥作用。因为人的时间有限，人要取得成就实属不易。人的时间是能够指引人前行的。人唯有利用人的时间才是永恒的。人的时间具有可以改变人类生活的伟大力量。人的时间在人类文明发展中具有不可或缺的重要意义。

人类有一个终极的问题，那就是我从哪里来，我要到哪里去？人的时间会直接回答这个问题。人类文明是植根于人类时间之中的。人是能够彻底理解人的时间的。人的时间与人密切相关。人的时间在人的生命中发挥重大的作用。人的时间是能够被空间化的。

人的空间是能够被时间化的。人的时间能够给人巨大的生存空间和发展空间。不谋全局者不足以谋一域，不谋万世者不足以谋一时。

只有凭借人的时间，人们才能对文明有积极的领会，才能指明文明的由来，才能证明文明确有根据。人们把人的时间当做文明的前提，这样人们就为文明的领会做了准备。所以有待规定的就是：人的时间在何种意义上是文明的要素。文明是由人的时间构成的。一切文明都是由人的时间来揭示的，由人的时间来解释的，而不是以测量文明的考察来确定来标识的。

文明的存在可能性是由人的时间规定的。文明的整体性是由人的时间的整体性参与规定的。文明的整体性之来照面是向人的时间开放出来的。文明的状态具有人的时间的性质。文明的整体状态向来就属于人的时间。文明是由人的时间指定的。当下文明向来揭示属于人的时间的时间性。只因为人是具有时间性的，所以文明才可能在人的时间中来照面。

文明向来是由人的时间进行解释的。文明是通过人的时间得到规定的。文明本质上保持在人的时间中。文明绝不能跨越人的时间。文明本质上就具有人的时间性。文明是要显现人的时间性的。人的时间参与组建文明。人们的任务是把文明从人的时间上加以适当解释。文明是因为人的时间而如其所是地存在的。文明是从人的时间中生长出来的。人的时间从来就携带文明。不仅实际上人的时间并不缺乏文明；而且，人的时间若缺乏文明就不能成其为人的时间。人的时间就是文明的展开状态。文明之为文明没有一天是一成不变的。人的时间的实际性本质上包含文明。

人的时间的价值不仅在于人的时间的量，而且在于人的时间的质。人的时间是能够通过文明显示出它的价值的。人属于人的时间就要受到约束。人是需要做出转变的。在人的时间中包藏积极的可能性。文明是依循人的时间来制订方向的。文明同人的当下状况是紧紧连在一起的。人的时间包含文明的可能性，所以人的时间总具有意义。

文明是在人的时间之中构成的。人的时间涉及文明的整个展开状态。文明是植根于人的时间之中的。唯有人的时间才使文明成为可能。人的时间对文明具有构成作用。文明奠基于人的时间。人的时间决定文明的可能性，也就是说，决定文明的基本样式。文明是靠人的时间来引导的。人的时间是作为积极的可能性而对文明起作用的。文明本质上是在人的时间中组建起来的。文明实际地在人的时间中存在着。文明总是在人的时间的意义之下得到领会。

人的时间是能够造就文明的。在人的时间中，文明是有可能性的。文明总是实际的文明。文明本质上是由文明的实际性规定的。文明是从人的时间中获取它的各种可能性的。文明是以人的时间为前提的。文明从其本身而言是带有动力的。文明是历史性的。文明在人的时间中是具有特殊的分量的。唯当文明存在，对文明的意义的追求才是可能的。所以，人的时间与文明是有渊源联系的。只有依靠人的时间，文明才是可能的。文明只有在人的时间的基础上才是可揭示的。实际上，文明始终依据人的时间来制订方向。

只有在人的时间中，文明才是可能的。人的时间实际上规定文明的广度和文明的方向。文明的广度和文明的方向是以人的时间为前提的。文明的可能性是由人的时间来承担的。文明是同人的时间联系在一起的。文明的揭示状态奠基于文明的展开状态。而文明的展开状态是文明的基本方式。文明的展开状态是由人的时间来规定的。随着文明的展开状态并通过文明的展开状态才有文明的被揭示状态。所以只有通过文明的展开状态才能达到对文明的真理的认识。文明的揭示状态同文明的展开状态是同样源始的。文明的展开状态从本质上乃是文明的实际的展开状态。

文明是在人的时间中造就本质规定的。文明与人的时间的关联具有必然性。在最源始的意义上，文明的展开状态是由人的时间来规定的，在文明的展开状态中包含文明的揭示状态。文明由文明的展开状态加以规定，从而，文明在本质上存在于真理中。文明的展开状态是文明的一种本质的存在方式。唯当文明存在，才有文明的真理。唯当文明存在，文明才能被揭示，文明才能被展开。

文明的存在源始地同人的时间相联系。只因为文明是由文明的展开状态规定的，也就是说，文明是由人的时间规定的，文明才能被领会，文明之领会才是可能的。文明是以人的时间为根据的。文明是从人的处境中生长出来的。文明的根据乃是时间性。只有从时间性出发，文明才能得到理解。文明本质上对人是展开的。文明在人的时间中是有其具体化的。文明具有经验上的确定可知性。文明存在于人的时间之中。文明总是相对的。文明不仅在人的时间中是可能的，而且是由人的时间要求的。文明只有根据于人的时间才成为可能。就其本质而言，文明本身自始至终贯穿着文明状态。

文明实际上是依人的时间制订方向的。文明实际上是指向人及其世界的。文明由于是在人的时间中奠立根基的而必然是有根基的。文明是能够被经验到的。文明的存在是有源始基础的。如果人处在人的时间之中，那么人便处在人的时间的可能性之中。文明能够把人在人的时间之中的积极的可能性显现出来。文明状态之所以确保文明的确知性，就在于文明状态同文明能够绝对确知的可能性联系在一起。文明只有在人的时间中才能使自己得到规定。文明是在人的时间的可能性中生长出来的。

人的时间对于文明是具有约束力的。在一切文明中总有人作为根据。文明是文明所蕴含的东西。只有从人的时间的意义上制订方向，才可以理解人的时间的性质。文明不是现成的，而是生成的。文明只有作为生成的存在才是可能的。只有当文明是生成的，文明才能存在。存在是源自生成的。文明只有在当前才是可能的。文明只有在当前化的意义上作为当前的文明，才能是文明所是的东西。文明是有当前的意义的。

文明奠基在生成中，文明在当前化之际成为可能。文明必定有人的时间的含义。文明是根据于人的时间的。文明具有人的时间性是文明的本质特性。文明的首要意义就是当前。文明是历史性的。马丁·海德格尔在《存在与时间》一书中谈到时间时说道："时间源始地作为时间性的到时存在；作为这种到时，时间使操心的结构之组建成为可能。时间性在本质上是绽出的。时间性源始地从将来到时。源始的时间是有终的。"[1] 人的个体生命具有时间性特征。

---

① 〔德〕马丁·海德格尔：《存在与时间》(中文修订第二版)，陈嘉映、王庆节译，北京：商务印书馆，2016年，第450—451页。

动物只有空间意识，没有时间意识。拥有时间意识是人的最根本的特征。"子在川上曰：'逝者如斯夫！不舍昼夜。'"①孔子站在河边，感叹地说："流逝的时光就像这河水一般，白天、黑夜不停地奔流。"孔子发现时间一去不复返，这正是孔子时间观。死亡乃是时间的最重要的标志。既然人的个体生命一定要死，死亡乃是一种未定的必然，无可逃避，那么，人们要回答人为什么活着、人活着的意义等问题，就必须真诚地面对死亡。只有在死亡面前，存在才能充分展开。人生短暂，时不再来，存在不能等待存在者，作为个体生命的"此在"应当向死而生，及时自我选择，以实现存在的意义。马丁·海德格尔时间观与孔子时间观的路向正好相反。孔子说："未知生，焉知死？"②他的意思是说：还没有懂得生的道理，又怎么能够懂得死呢？孔子说的是"未知生，焉知死？"，而马丁·海德格尔则讲："未知死，焉知生？"还没有懂得死的道理，又怎么能够懂得生呢？只有明白人终有一死，生命时间非常短暂，才能安排好人生并知道如何把握存在的意义。假使文明不是历史性的，那么文明就不会到来。文明是当前化的。一切文明都是被当前化的。

　　文明只有基于人的时间才是可能的。文明是在人的时间中展开其意蕴的。文明是完全植根在人的时间之中的。文明是奠基于当前之中的。文明向来就规定着当前并从当前中规定着自身。文明是为当前之故而当前化的。只有从人的时间出发，文明的可能性才能得

---

　　① 《论语·子罕篇》。
　　② 《论语·先进篇》。

以理解。对于文明来说，人的时间是本质性的。文明是以人的时间为前提的。为了使文明成为可能，人必须处在人的时间之中。文明在人的时间中是有其基础的。如果说文明是处在人的时间中的话，那么文明就是与人的时间一道展开的。如果文明整个地奠基在人的时间之中，那么文明就必定具有历史性。如果没有人的时间，也就没有文明。

文明是定了方向的。文明本质上与人的时间的方向性相关联。文明实际上总是从人的时间的方向得到决定的。只有当人们把文明归入人的时间性的阐释，文明的方向才足够广阔。文明的可能性是在人的时间中生长出来的。只因为文明在其存在的根据处是时间性的，所以文明才历史性地存在着并能够历史性地存在。

马丁·海德格尔在《存在与时间》一书中谈到历史时说道："历史主要不是意指过去之事这一意义上的'过去'，而是指出自这过去的渊源。'有历史'的东西处在某种变易的联系中，在这里'发展'是时兴时衰。以这种方式'有历史'的东西同时也能造就历史。这种东西以'造就时代的'或'划时代'的方式在'当前'规定一种'将来'。在这里历史意味着一种贯穿'过去'、'现在'与'将来'的事件联系和'效用联系'。"[①]

文明不是现成的，而是原本具有历史性的东西。文明是依循历史制订方向的。文明是具有历史性的。文明奠基于历史性。只有当文明处在人的时间之中，文明才能在其存在的根据处是历史性的。

---

① 〔德〕马丁·海德格尔：《存在与时间》（中文修订第二版），陈嘉映、王庆节译，北京：商务印书馆，2016年，第512页。

由于人的时间是有所延展的，因此文明是有所延展的。如果说文明原则上具有历史性，那么显然每一个人都与文明分不开。文明是以历史性为前提的。

文明是在人的时间中获得生命的。人的时间对于文明是具有决定性的意义的。人的历史性归根到底是人的时间性。文明的历史性归根到底是文明的时间性。文明是必定根据文明的当前化并且只有根据文明的当前化才是可能的。人是相应于当下的生存和发展而具有其时间的。人的时间奠定人的生存活动和发展活动。人的时间归根到底是别具一格的东西。文明根据于人的时间。人的时间是文明的根据。文明就可能性来说必须依人的时间才能制定方向。文明是与人的时间联系在一起的。文明与人的时间相提并论。人的时间对文明是有决定性的影响的。

第三节　小　　结

时间与方向是联系在一起的，时间与文明是密切相关的。时间不仅是有内容的，而且是有形式的。时间不仅有方向的内容，而且有方向的形式。时间不仅有文明的内容，而且有文明的形式。这就是说，人在时间中是有适当的能动性的。人在时间中是能够发生适当的能动性的。人需要把时间理解为：时间包含人的能动性的发生。当人理解了这点，人也就认识到了时间包括人。

时间能够为人提供一个起点。时间能够把人带上一条有方向的道路。时间能够把人带上一条有文明的道路。人生的道路是一条经验时间的道路。人在时间中，人就能经验时间。在时间的发生中，人能够以自己的方式经验时间，并说出人对于时间的关系。因此，人是有时间性的。人是要选择时间性来表达人的结构的。人选择时间性来表达人的结构，就说明了时间性对于人的重要性。

时间的发生是与人有关的。时间的发生向人表明：人能够使时间成为人自己的时间。时间能够改变人，并使人达到对自己更好的认识。人与时间是归属在一起的。人显示着时间。人就是时间的发生。人是能够理解人与时间的关系的。

认识和实践不能没有时间，也离不开人自身，而人自身的条件是进行认识和实践的决定性环节。人们的认识和实践都具有时代的局限性，人所处不同的时代影响其认识和实践的结果。人自身由于其肉体与精神状态及其差异，由于人的种种特性，影响其认识活动和实践活动。人是从事认识和实践的决定性环节。

参 考 文 献

1.《马克思恩格斯选集》第 1 卷，北京：人民出版社，2012 年。

2.《马克思恩格斯选集》第 2 卷，北京：人民出版社，2012 年。

3.《马克思恩格斯选集》第 3 卷，北京：人民出版社，2012 年。

4.《马克思恩格斯全集》第 37 卷，北京：人民出版社，2019 年。

5.《斯大林选集》下卷，北京：人民出版社，1979 年。

6.（春秋）老子：《道德经》。

7.《论语》。

8. 广东、广西、湖南、河南辞源修订组，商务印书馆编辑部编：《辞源》（修订本重排版）上册，北京：商务印书馆，2010 年。

9. 汤木：《你的努力，终将成就无可替代的自己》，南昌：百花洲文艺出版社，2014 年。

10. 夏征农、陈至立主编：《辞海》第六版 彩图本（3），上海：上海辞书出版社，2009 年。

11. 中国社会科学院语言研究所词典编辑室编：《现代汉语词典》（第七

版），北京：商务印书馆，2016年。

12.〔澳〕拉塞尔·韦斯特·巴甫洛夫：《时间性》，辛明尚、史可悦译，北京：北京大学出版社，2020年。

13.〔德〕康德：《实践理性批判》，韩水法译，北京：商务印书馆，1999年。

14.〔德〕马丁·海德格尔：《存在与时间》（中文修订第二版），陈嘉映、王庆节译，北京：商务印书馆，2016年。

15.〔德〕马丁·海德格尔：《面向思的事情》，陈小文、孙周兴译，北京：商务印书馆，2014年。

16.〔德〕马丁·海德格尔：《时间概念史导论》，欧东明译，北京：商务印书馆，2014年。

17.〔德〕马丁·海德格尔：《形而上学导论》，王庆节译，北京：商务印书馆，2017年。

18.〔法〕路先·列维-布留尔：《原始思维》，丁由译，北京：商务印书馆，1981年。

19.〔古罗马〕奥古斯丁：《忏悔录》，周士良译，北京：商务印书馆，1963年。

20.〔古希腊〕柏拉图：《柏拉图文艺对话集》，朱光潜译；〔德〕爱克曼辑录：《歌德谈话录》，朱光潜译，北京：人民文学出版社，2015年。

21.〔美〕乔治·桑塔亚那：《美国的民族性格与信念》，史津海、徐琳译，北京：中国社会科学出版社，2008年。

22.〔美〕斯塔夫里阿诺斯：《全球通史：从史前史到21世纪》（第7版修订版）（上册），吴象婴、梁赤民、董书慧，等译，北京：北京大学出版社，2006年。

23.〔日〕小泉八云:《日本与日本人》,胡山源译,北京:中国社会科学出版社,2008年。

24.〔英〕达尔文:《物种起源》(增订版),舒德干等译,北京:北京大学出版社,2005年。

25.〔英〕史蒂芬·霍金:《时间简史》,许明贤、吴忠超译,长沙:湖南科学技术出版社,2017年。

后　记

　　时间问题一直是醒目的问题，一直吸引着人们不断地追问。人们因有时间而感到满足。为了能真正理解时间，人不可以太年轻，不可以没有阅历，不可以没有经历种种失望，不可以没有经历种种挫折，不可以没有经历种种苦难。思考时间，对人来说，大有裨益。人会随岁月消逝，但珍惜时间的原则却亘古不变。时间是有价值的。人的时间并不太多，但机遇却是无限的。人的时间和人的利益紧密联系在一起。人要寻找机会，就要投入大量的时间和精力。人的时间受许多变量的影响，有些因素人们既无法控制，也无法预知。因此，人的时间会对人的表现产生很大的影响。如果人们能够有效利用人的时间，那么人的时间将会在人的认识和实践过程中占据主导地位。因此，人的时间在人的认识和实践过程中扮演着很重要的角色。一旦人进行认识和实践，人的时间的价值就应该是能够确定的。显然，人的时间永远是现实的。人不可低估时间在人的认识和实践的过程中所起的重要作用。人的时间是人的认识和实践的过程中至关重要的一部分。

　　本书为中国社会科学院哲学研究所创新工程项目成果。本书通过对时间是什么、时间为什么、时间办什么的分析，历史和逻辑地展现时间观发端、演变、成熟和发展的理论轨迹，客观公正而又简洁明晰地评价时间观所建树的理论业绩。这对于人们理解时间观的实质是极为重要的。

高岸起

2021年9月于中国社会科学院寓所